U0144404

~職人傳授・季芸老師第一本手工皂專書・首度大公開~

季芸老師
渲染皂教室

一次學會
最強渲染
技法！

玩出你的美麗創意，享受獨一無二風格樂趣

在充滿樂趣變化的手工皂世界裡，渲染皂一直是我最喜歡的技法。回想第一次見到渲染皂那自然獨特的線條，美麗的撼動至今依然令我深深著迷。

在創造渲染皂的過程中，總是令人充滿驚奇與期待。隨著皂液的濃度不同，以及線條勾勒的變化，就能創造出千變萬化的渲染效果。也因為這樣的豐富多變性，每每在課堂教學的過程中，同學們總是又期待又怕受傷害，期望看見自己渲染作品的美麗線條，卻又擔心萬一失敗了該怎麼辦？

其實，對我而言，每一塊渲染皂都是獨一無二的。就算失敗了，跟自己預想中的狀態不同也不用怕，因為每一款皂各有不同的美，都值得我們慢慢欣賞，只要能從中記取經驗，下次就能更進步、更精準地接近自己的期望值。

不論是初學者，或者是進階練習的同學們，想讓渲染技巧變得純熟，方法無他，只有在掌握技巧之後，不斷地練習、練習、再練習。這是進步的關鍵，也是成功的不二法門。我非常鼓勵大家更放手大膽地去玩，不要怕失敗，透過一次又一次的作品練習，去玩出自己的風格，享受過程中所體驗到的樂趣，你一定會像我一樣，愛上美麗創意無可設限的渲染皂。

也衷心希望這本書所提供的技法，能幫助大家有豐富的玩皂經驗，讓繽紛的渲染皂，為你的生活帶來更多美好。

30 款美麗好洗渲染皂

Chapter 1
製皂前該知道的事

在開始製作渲染皂之前，
必須先了解基礎的手工皂專業相關知識。
從認識手工皂開始，
包括專有名詞、油品介紹、配方計算等等，
在這個單元都有最清楚詳盡的解釋。

準備好了嗎？
現在，就跟著季芸老師一起進入美麗的手工皂世界吧！

 # 手工皂基礎介紹

冷製手工皂

冷製皂Cold Process Soap顧名思義，是指在製皂時採用較低的溫度製作，油脂混合鹼液後，透過「攪拌」所製成的皂，而完成後的成品稱為固體皂。手工皂完成後至少需放置30天至60天，待其鹼性下降、水分蒸發，手工皂熟成後才能使用。

> 油脂＋氫氧化鈉＋水＝肥皂＋甘油＋不皂化物

油脂

製作手工皂必須選擇成分100%的油脂，不建議選擇調和油，避免皂化價偏離太多，導致氫氧化鈉計算錯誤而使成品失敗。

手工皂使用的油脂，簡單區分為飽和脂肪酸（硬油）及不飽和脂肪酸（軟油）兩種。放在常溫中會凝固的油脂稱為硬油，例如：椰子油、棕櫚油、乳油木果脂、可可脂；軟油則是常溫中皆為液體的油脂，例如：橄欖油、甜杏仁油、榛果油、酪梨油。

配方中如果硬油比例太高，容易導致皂化速度過快，來不及調色，應特別注意。

氫氧化鈉

化學式為NaOH的氫氧化鈉，屬於強鹼。因此在製作手工皂時必須戴上口罩、圍裙、護目鏡、手套等，做好防護措施，並且在空氣流通處操作，避免氫氧化鈉直接接觸皮膚。

氫氧化鈉分為顆粒、片鹼、液鹼等型態，在溶解的時候一定要特別謹慎小心。氫氧化鈉會產生高溫及刺鼻的氣體，溶解的時候要分批倒入水中，並且攪拌溶解至鹼液透徹之後才能夠使用。建議可將純水製作成冰塊再加入氫氧化鈉，降低刺鼻味道以及使溫度較快降溫。

水相

水相是用來溶解氫氧化鈉的液體。氫氧化鈉溶解於水不溶解於油脂；氫氧化鈉加入水後，會水解成鈉離子（Na^+）及氫氧根離子（OH^-）之鹼液，在手工皂的製作上，建議使用的都是純水，因為自來水中鈣離子、鎂離子、氯、礦物質及金屬離子過高，容易干擾皂化，較不建議使用。

其他如低脂鮮奶、豆漿、羊奶、母乳、優酪乳、中藥煮水、果汁、純露、咖啡等皆可嘗試製作。若當中固型物成分太高，溶鹼後建議先行過篩，避免造成過多的顆粒，導致油脂包覆，皂化率不佳。

皂化價Saponification Value

皂化價，是指皂化1公克油脂所需KOH（氫氧化鉀）的毫克數。從定義也可以算出NaOH（氫氧化鈉）皂化價=KOH皂化價/1.403。

皂化價是一個平均值並不是固定的數，會因為季節、油品產地有落差，實際上大約有±3%的變動幅度。秤量油脂時可以使用前段超脂3%~5%來消耗額外多餘的鹼量，讓皂體較為溫和不刺激皮膚。

手工皂配方計算

☆易氧化長黃斑

中文名字	英文名稱	皂化價/氫氧化鈉	皂化價/氫氧化鉀	INS
椰子油	Cocount Oil	0.185	0.259	258
棕櫚核仁油	Palm Kernel Oil	0.164	0.229	227
棕櫚油	Palm Oil	0.141	0.197	145
可可脂	Cocoa Butter	0.137	0.191	157
乳油木果脂	Shea Butter	0.128	0.179	116
芒果脂	Mango Butter	0.137	0.191	146
白油	Shortening	0.135	0.189	115
橄欖油	Olive Oil	0.134	0.187	109
山茶花油	Camellia Oil	0.136	0.190	108
苦茶油	Oiltea Camellia Oil	0.136	0.190	108
甜杏仁油	Sweet Almond Oil	0.136	0.190	97
杏桃核仁油	Apricot Kernel Oil	0.135	0.189	91
榛果油	Hazelnut Oil	0.135	0.189	94
澳洲胡桃油	Macadamia Nut Oil	0.139	0.194	119
酪梨油	Avocado Oil	0.134	0.187	99

中文名字	英文名稱	皂化價/氫氧化鈉	皂化價/氫氧化鉀	INS
蓖麻油	Castor Oil	0.128	0.179	95
米糠油	Rice Bran Oil	0.128	0.179	70
開心果油	Pistachio Oil	0.132	0.184	92
芝麻油	Sesame Oil	0.133	0.186	81
小麥胚芽油	Wheat Germ Oil	0.131	0.183	58
✗ 葵花籽油	Sunflower Seed Oil	0.134	0.187	63
芥花油	Canola Oil	0.132	0.184	56
✗ 葡萄籽油	Grape Seed Oil	0.126	0.176	66
核桃油	Walnut Oil	0.135	0.189	45
月見草油	Evening Primrose Oil	0.135	0.189	30
✗ 玫瑰果油	Rose Hip Oil	0.137	0.192	16

計算油脂百分比、皂化價、水量、INS值

STEP1. 確定配方油脂比例

1. 先設定配方中需要多少的油量

   舉例：油量為1000g

2. 規劃好各類油脂的百分比

   A.椰子油20% 200g

   B.棕櫚油30% 300g

   C.橄欖油50% 500g

STEP2. 皂化價計算

> （A油量 × A油皂化價）＋（B油量 × B油皂化價）
>
> ＋（C油量 × C油皂化價）＝氫氧化鈉總量

舉例：

（椰子油200 × 0.185）＋（棕櫚油300×0.141）＋（橄欖油500×0.134）＝37＋42.3＋67＝146.3g（四捨五入）

本配方所需要氫氧化鈉值為146克

STEP3. 水量計算

> 氫氧化鈉總量 × 2.3倍＝水量

♥ 小叮嚀 渲染技法使用的水量比例，大多為氫氧化鈉值的2.3 倍至2.5 倍之間，過低水量容易造成調色來不及。若製作素皂或分層皂，使用2 倍至2.2 倍的水量就足夠。

舉例：

146×2.3=335.8g（四捨五入）　*乳皂：25~30%低乳代替水

此配方水量計算出來為336克

💜 小叮嚀　製作渲染皂，季芸老師喜歡用部分低脂鮮奶，取代水相增加皂化率。低脂鮮奶建議取代配方中30%或者25%就已經足夠。此配方中計算出的總水量為336g，25%水量用低脂鮮奶取代換算之後為：水量252g、低脂鮮奶84g，二者合計是336g。

STEP4. INS成品硬度計算

> **（A油量／總油量）× A油INS值＋（B油量／總油量）**
> **× B油INS值＋（C油量／總油量）× C油INS值＝ INS值**

INS值可以作為參考肥皂軟硬度的數值，並非絕對值。建議的INS值在130到160之間都算適中。

舉例：

（椰子油200 /1000）× 258＝51.6

（棕櫚油300/1000）× 145＝43.5

（橄欖油500/1000）× 109＝54.5

51.6＋43.5＋54.5＝149.6（四捨五入）

計算出來的INS值為150

手工皂專有名詞介紹

△ 廣義：室溫～45℃（視配福定）

△ 猪染：35～40℃（含乳皂）

加速皂化之配方,可稍微再下降.

溫度的定義

冷製手工皂製作，溫度上沒有所謂的標準值。廣義的解釋基本上室溫至45度都可以操作，建議依照配方的屬性來決定製作溫度。季芸老師常用溫度為35~40度（含乳皂），若遇上容易加速皂化的配方，溫度可稍微再下降，溫度太高容易導致皂化速度太快，來不及攪拌造成攪拌不完全，因此建議降低溫度操作。

果凍現象

果凍現象是指肥皂入模之後，油脂與鹼液開始產生放熱反應，皂體產生劇烈的升溫，導致分子結構產生變化，讓肥皂呈現半透明狀態。但隨著皂化溫度逐漸下降，半透明狀態也會慢慢消失或停留在皂體中。

果凍產生的原因有非常多種，例如添加物中的蛋白質、香精、酒精或者其他添加物都有可能造成皂體溫度急速上升，這種現象在手工皂製作的時候非常容易發生，是屬於正常的皂化反應。

碘價

用來衡量各類油脂當中飽和及不飽和的脂肪酸含量。碘價低代表飽和程度高，製作出來的肥皂會比較堅硬，耐用度較高、氧化速度慢。碘價高代表不飽和的程度高，製作出來的手工皂會比較偏軟，使用上相對不耐用，氧化速度也會比較快。

INS值

用來預測成品成皂後的硬度,並非絕對值。一般廣義的解釋,INS值愈高,製作出來的手工皂會愈硬,INS值愈低,則成品較偏軟。INS偏低的皂款,建議可交替使用。

假皂化

油脂與鹼水混合的初期,有可能因為製作溫度過低或者其它因素,導致皂液快速產生濃稠狀,這種現象稱為假皂化,建議提高製作溫度。

pH值

手工皂為弱鹼,pH在10以下居多。「p」代表離子的指數,「H」代表氫離子的濃度;pH表示氫離子濃度對數的負值,亦可用熟成試劑、pH測試筆、三段式pH試紙,當作初步衡量的參考。

超脂

額外添加一定百分比的油脂,降低肥皂的清潔力及扣抵多餘的鹼量,讓洗感更加溫和,此作法稱為超脂。一般超脂又分為前段超脂及後段超脂,超脂量則建議在3%~5%以內。

前段超脂指的是一開始量油時就比預計油脂多量3%~5%,例如1000g × 3%=30g,任何油脂皆可。建議採取前段超脂,避免從後段加入油脂導致攪拌時間不夠,皂化不完全讓肥皂提早起黃斑。

鬆糕

材料秤量錯誤、攪拌不均勻、添加物影響，這些情況都可能造成油鹼混合不均勻，造成手工皂脫模的時候結構鬆散，顏色有可能特別偏白，稱為「鬆糕現象」。遇到上述情況建議用熱製法重製，或者丟棄不要使用，避免過多的游離鹼刺激肌膚。

入模時機

濃稠的階段基本上分為三種：

· light trace（lt）

皂液看起來有一點像濃湯，攪拌時阻力有一點重，可以看得到輕微痕跡停留在皂液表面。一般來說，這個時機點可以開始加入精油或者其它粉末添加物。

· trace（t）

油脂跟鹼水混合攪拌後，分子開始進行碰撞而皂化。皂液慢慢開始變得比玉米濃湯更濃稠，可以看到明顯的痕跡停留在皂液表面上且不會下沉。皂液攪拌至這種情況，代表進入trace階段，可以開始準備入模。

· over trace（ot）

攪拌的時間太長或者因為其他因素導致瞬間濃稠，流動性變差，甚至有結塊的情況產生，這種情況我們通常會稱為ot。ot入皂較容易造成表面不平整，但並不會影響使用。

皂化較快之油脂

✓ **不皂化物**

少量存在於油脂當中不會被鹼皂化的物質。不皂化物裡面的某些成分與鹼作用後,會有加速皂化反應的情形產生,容易造成攪拌時間縮短。例如米糠油、未精製的油品如紅棕櫚油、未精製酪梨油、未精製可可脂、未精製乳油木果脂等,或其它初榨油品這類油脂含有較高的不皂化物,在配方的使用上應該降低比例,避免造成皂化速度過快,渲染技法來不及調色。

✓ **白粉**

白粉是指皂液中未反應完的鹼跟空氣中的二氧化碳接觸,所產生的結晶碳酸鈉及其他成分。發生的原因如下:

1. 攪拌不均勻,分子碰撞率不足。
2. 皂化價偏離過多,導致過多的鹼量無法反應完畢。
3. 皂化速率慢又太早脫模。
4. 製皂時水量高及皂化的溫度太高,造成水分往表面推,跟空氣中的二氧化碳接觸。

這些大部分都是廣義的白粉產生原因。建議使用修皂器來刨除表面所產生的結晶,可避免對皮膚造成刺激。另外,適度的隔絕空氣也能降低白粉形成。

晾皂

手工皂剛製作完成的時候，鹼度和皂體水分都還很高，建議放在乾燥、避免陽光直射的場所。晾皂濕度建議在50%以下，濕度太高時建議開除濕機，降低空氣中的水分，才能夠保持皂體乾燥。

熟成期

手工皂剛脫模時，因為鹼度還很高所以不能夠馬上使用，必須經過一段時間讓鹼性下降成弱鹼才能使用。另外，皂體裡面的水分也會慢慢蒸發，讓肥皂變得堅硬耐用。每一款皂從製作到熟成，會因配方不同，熟成時間也會不同，約需1至2個月，請耐心等待。

包裝

照射光線、氧、悶熱、潮濕的環境，這些都是加速手工皂起黃斑壞掉的原因。建議熟成後，要將手工皂包裝好並存放在陰涼乾燥的環境，會比較有利於手工皂保存。而包裝後的存放環境，木箱、紙箱、鞋盒、櫃子都是不錯的選擇。

黃斑

由於DIY手工皂並不是工廠一貫SOP製作，所以
變數相當大。例如攪拌不均勻、存放環境錯誤、
油脂品質不佳、皂化價偏離…等等，很多因素都
有可能造成肥皂提早壞掉。而從手工皂的外觀來
判斷，如果可以看出明顯的黃色斑點或聞起來有
油耗味，這些都代表手工皂已經開始氧化，請盡
趕快使用完畢。

添加物

手工皂可以依個人喜好添加不同類型的添加物，例如：精油、香精、花草粉、
中藥粉、礦泥粉、雲母粉…等等。建議粉類用量在2%以內，避免過度添加造
成起泡力受影響。

 # 手工皂常用油品與特性

椰子油 *30% ↓*

椰子油為做皂的基礎用油，成皂硬度高、起泡力好、
不易氧化，成皂非常穩定。脂肪酸結構主要由月桂酸
組成，含有少量正辛酸及正葵酸，對皮膚有刺激性，
添加過多會使皮膚感到乾澀。一般膚質建議用量20%
以內，油性膚質則建議用量30%以內。冬天氣溫低時，
椰子油會凝固，使用前建議先浸泡熱水，等待椰子油
溶化後再與其他油脂混合。

棕櫚核仁油

從棕櫚果核提煉出來的油品，原產於馬來西亞及菲律賓等地。洗淨力和起泡
度都不錯，正辛酸及正葵酸比椰子油低，因此刺激性比椰子油少，較為溫和，
適合皮膚敏感者。可與椰子油交替使用。

乳油木果脂 *冬 10%*

來自非洲乳油木果樹的果實。乳油木果脂鎖水性佳，具有調理及滋潤肌膚作
用，在身體上會形成少許包覆感。成皂泡沫細小，起泡力稍嫌不佳，但內含
豐富硬脂酸，成皂穩定性佳。油酸能提高滋潤度，屬於硬油，因此可適當添
加於配方中5~20%即可，添加過多並無益處。另外，乳油木果脂也含有植物
固醇（Phytosterols）及維生素E，當中具有極佳的修護與肌膚癒合功能，敏
感肌、乾燥肌及嬰兒都適合使用。

棕櫚油

棕櫚油為手工皂製作基礎的油脂之一，能製作出厚實不易軟爛的手工皂，使皂體硬度高。內含棕櫚酸及油酸，洗感溫和但起泡力不佳，泡沫細小，一般都搭配起泡力佳的椰子油使用。秋冬時棕櫚油會凝結成固態，必須先溶解後才能使用。

白油

白油呈固體奶油狀，通常是以大豆油、玉米油、棕櫚油氫化處理而來，用來增加肥皂硬度。白油價格便宜又容易取得，成皂泡沫多且細緻，不易溶化變形，洗感溫和乾爽。入皂建議用量為10%，添加過高對皮膚並無太大幫助。

芒果脂

芒果脂取自芒果的果核，保濕及滋潤效果佳，可幫助柔軟皮膚，改善乾燥或龜裂肌膚。成皂泡沫細緻、皂體堅硬。但因含有較高的硬脂酸，入皂容易<u>加速皂化</u>，製作手工皂建議比例不宜過高。

豬油

豬油為動物性油脂，飽和脂肪酸43%、不飽和脂肪酸45%，能製作出雪白的皂款。洗感溫潤厚實，可以適當添加於配方中，提高肥皂硬度，在清潔力上也有不錯的表現。

可可脂 冬:5%

可可脂由可可豆提煉而來。未精製的可可脂具有獨特的巧克力香味，呈現黃色。精製後色澤呈現白色，入皂可以增加硬度。可可脂入皂溫和但起泡力差，對皮膚能產生保護膜，但添加比例不宜過高，否則容易造成切皂時產生碎裂，建議用量5~20%即可。適合乾性及敏感性肌膚，油性肌膚不適合使用。

蓖麻油

蓖麻油內含蓖麻油酸，含量高達90%，親水性和保濕力佳，黏度很高且溫和。但如果單用100%蓖麻油製皂，起泡力會很差，必須搭配其它油脂使用才能發揮其效用。製作沐浴配方時，調配5%就已經足夠，髮皂配方則約10%~20%，可依髮質調整比例。若使用比例太高，容易造成脫模困難，但蓖麻油的確有很好的滑順護髮功效。

橄欖油

橄欖油內含80%以上油酸，入皂後清潔力佳，亦能夠為肌膚帶來強大的包覆性及滋潤度。泡沫如奶油般細緻、但遇水容易軟爛及黏膩。高比例橄欖油入皂，攪拌時間有可能高達數小時，建議降低製皂水分及使用機打來縮短攪拌時間。橄欖油分為第一道冷壓初榨（Extra Virgin Olive Oil）、精製橄欖油（Pure Olive Oil）、橄欖果渣（Olive Pomace Oil）等類型，在渲染上大部分使用精製橄欖油。易長痘痘膚質建議降低用量，乾性肌膚則可於配方中提高橄欖油比例。

山茶花油

山茶花油在日本名為椿油，含親膚性極佳的高油酸，具有優良的保濕效果，質地溫和，是自古以來即深受女性喜愛的護膚護髮用油。山茶花油效果不輸橄欖油，且含有豐富蛋白質、維生素A、E，對敏感型肌膚、頭皮護理的效果特別彰顯，特別適合製作髮皂，可以作出泡沫綿密的肥皂，但價格略顯昂貴。

酪梨油 10%～30% 即有效果

酪梨又稱牛油果，萃取方式是來自於果肉取油。未精製的酪梨油呈現深綠色，保有天然的葉綠素色澤，而精製酪梨油經過脫色脫臭處理，呈現淺黃色。酪梨油可使皮膚光滑，讓粗糙乾燥的肌膚恢復彈性。內含豐富的維生素可柔潤肌膚，酪梨中的棕櫚酸成分可製作出對肌膚溫和的肥皂，起泡力佳、泡沫細緻，用於洗髮也能帶來豐盈持久的泡沫感。做成洗臉皂及嬰兒用皂，調配10%~30%用量即可看得出效果，洗後肌膚舒服不緊繃、保溼度佳。

苦楝油

油品帶有濃烈的大蒜氣味，但入皂後味道會隨著時間慢慢變淡。苦楝油內含獨特的「苦楝素」成分，可以用來殺菌、除蟲，而且此成分安全，拿來加在寵物皂中，就能讓跳蚤逃之夭夭。苦楝素的殺菌功能可幫助寵物解除皮膚問題，無論是細菌、黴菌、病毒感染都有效果，絕對是寵物皂必加的油品之一。一般沐浴皂建議用量為5%至30%，製成防蚊膏或者防蚊噴霧，驅蚊效果也相當良好。

馬油

馬油含有豐富的不飽和脂肪酸，其中包含了棕櫚油酸，能有較好的滲透性及親膚性，可維持肌膚健康，並且具有調理肌膚的作用。可提升肌膚自癒能力，保濕效果佳，溫和不刺激，敏感肌膚也適合使用。

澳洲胡桃油　*10% ~ 20% 即有感覺*

初榨的澳洲胡桃油有濃厚的堅果香味，呈現淡咖啡色。內含親膚性佳的棕櫚油酸，入皂溫和，不刺激肌膚，滋潤度佳，加上具有很強的滲透力，能很快被肌膚吸收。澳洲胡桃油含有20%以上的棕櫚油酸，可預防老化、促進細胞新生，使老化肌膚得到很好的幫助。

榛果油　*10%*

榛果油含80%以上豐富油酸，保濕度及滋潤度都相當高。成皂後皂體偏白，硬度及起泡度都有不錯的表現。洗淨後在身上停留的感覺，很像是擦了乳液般滑順，有非常好的包覆性，適合乾性肌膚使用，油性肌膚比例不宜添加過多。

開心果油

由開心果仁壓榨取得，具有防曬及保護皮膚、頭髮的功效。含豐富的維生素E，可直接當成按摩油塗抹皮膚，具有良好的滲透力。開心果油中含中量油酸及亞油酸，適合中性及油性肌膚使用，建議添加10%~30%用量。

甜杏仁油

甜杏仁油在脂肪酸中以油酸為主，能持久保濕，產生猶如乳液般細緻滑順的泡沫，也能與任何油脂混搭使用，洗後感覺非常溫和。甜杏仁油內含亞油酸成分，使起泡力相當好，是製皂時常用的一款油脂。適合敏感性肌膚和嬰兒肌膚，也可以作為護膚油或是按摩油使用。

玫瑰果油

對治療燙傷、刀傷、皮膚炎症非常有效，亦有除皺功效。適用於問題肌膚，可做出對皮膚相當溫和的保濕皂。內含高比例的亞油酸及亞麻油酸，入皂後非常容易氧化，建議添加5%。較適合用作保養品及按摩油添加。

葵花油

基礎手工皂用油，從向日葵種子壓榨而來。維他命E含量高，使用時洗感及起泡力佳。內含70%以上亞油酸，入皂太多易加速氧化，建議添加比例在10%以內。

米糠油

又稱作玄米油，是由原始糙米外表的米糠所煉製出來，含有豐富維他命E、維生素等物質。米糠油的分子比較小，很容易滲透到皮膚中。內含亞油酸，洗感清爽、不黏膩、起泡力佳。但成皂溶化速度快，且內含不皂化物，入皂後容易加速皂化，建議使用較低油溫製皂，避免皂化速度過快來不及攪拌。

杏桃核仁油 *與甜杏仁油類似, 含20%亞麻油酸*

從杏樹果核中提煉出的杏核油呈現淡金黃色，溫和清爽。高修護性植物油含維生素、礦物質及豐富的纖維質，以及較多的單元不飽和油酸及亞油酸成分，能輕易地被肌膚吸收，幫助舒緩緊繃的身體、敏感、乾燥。由於質地細緻，最適合用作臉部按摩，能使皮膚增加光澤，恢復彈性。入皂後起泡力佳，保濕度也很好，能與甜杏仁油互換使用。

小麥胚芽油

小麥胚芽油的抗自由基特性，可延緩皮膚老化、增加肌膚濕潤力，對乾燥、缺水、老化、皺紋肌膚非常有幫助。適合各種膚質使用，開封後建議放冰箱保存。小麥胚芽油屬軟性油脂，洗感清爽，起泡度不錯，能增加手工皂的保濕力和柔滑感。但內含高比例亞油酸易氧化，建議用量為5%~20%。

芝麻油

芝麻油富含鈣、鐵、維生素E與B1、不飽和脂肪酸等等，其中維生素E更高達40%以上。當中的油酸與亞油酸都相當平均，洗感清爽，適合油性肌膚及洗髮使用，起泡力相當不錯。未精製的芝麻油味道濃厚，亦可選擇精製芝麻油入皂，建議添加用量為10%~30%。

芥花油

芥花油取自芥菜籽，因此又稱芥菜籽油。含油酸60%，價格便宜，容易取得。用芥花油製作出來的肥皂，泡沫穩定且滋潤，但INS值很低、溶化速度快，必

須配合其他硬油使用。芥花油含11%的亞麻酸，也是容易造成氧化的原因之一，因此建議用量在10%以內。

月見草油

能保持角質層水合功能，使表皮平滑有光澤。特徵是含9%亞麻酸，直接塗抹就能緩和皮膚過敏症狀，常添加於問題肌膚保養品中。用在肥皂上可改善過敏或粗糙性皮膚，促進傷口癒合。亞油酸含量高達70%以上，入皂氧化快，建議添加用量5%，且較適合添加於保養品或膏狀精油產品。

葡萄籽油

由葡萄籽常溫壓榨精製而得的一種油脂。清爽不黏膩，很容易被皮膚吸收，是在按摩基礎油中相當受到歡迎的油脂之一，內含70%以上高比例亞油酸，入皂後起泡力佳，能夠產生大顆泡沫，清爽無負擔，遇水溶化速度很快。由於亞油酸含量高，建議入皂比例不宜太高，避免皂體提早氧化，用量10%以內即可，非常適合油性肌膚。

核桃油

核桃油含有對肌膚親和力極佳的角鯊烯、豐富的多元不飽和脂肪酸、維生素A群和B群，以及D、E、K等，還有酚類抗氧化物質，可防止細胞老化，能消除臉部皺紋，有效保持皮膚彈性和潤澤，防止肌膚衰老。此外，亦有美白肌膚、潤澤頭髮、防止手足龜裂等功效。使用核桃油入皂，泡沫細緻、洗感清爽易氧化，溶化速度快，不建議過度添加。

Chapter 2

製皂工具與機打教學

工欲善其事必先利其器，在上渲染課的時候經常發現，
同學們所準備的工具款式五花八門，導致操作起來手忙腳亂，
因此，選擇聰明好用的工具對於渲染技法來說，
絕對是一件相當重要的事情。

季芸老師所用的製皂工具每一款都是經過特別挑選，
尤其選對工具，還能提升作品的成功率唷！

 # 手工皂器具精選

304不鏽鋼鍋（高14cm/1個）

製作手工皂要使用304不鏽鋼鍋，不可以使用鋁鍋和鐵鍋，避免溶出有害物質。除此之外，使用全新的鍋子之前，建議用醋或清潔劑洗乾淨，避免釋放出黑色油垢。或者使用餐巾紙沾少許基底油，擦拭鍋子內部，也能將黑油垢清除。

💜 小叮嚀　不鏽鋼鍋建議在外部貼上鍋子重量，便利秤完油脂量時，可以重覆確認總重量是否有誤。

溶鹼用304不鏽鋼鍋（高14cm/1個）

鍋蓋或者透明壓克力板（1個或1片）

避免使用淺鍋，導致溶解氫氧化鈉時鹼水不小心溢出。另外準備透明壓克力板，當氫氧化鈉溶解後，可以蓋上再進行降溫，避免鹼水直接跟空氣接觸。

手套、圍裙、護目鏡、口罩

製作手工皂的最基本安全防護，可避免強鹼接觸到皮膚，造成傷害。

打蛋器

用來攪拌皂液，讓油脂與鹼液進行混合。材質有304不鏽鋼及矽膠材質可供選擇，兩者均可，請依照個人喜好挑選。

電子秤

用來秤量油脂、氫氧化鈉、水等材料，單位均為g（克）。購買時要注意電子秤的自動關機時間，避免秤量一半就突然關機，造成秤量錯誤。

PP5號耐鹼量杯

用來盛裝氫氧化鈉或皂液調色使用。建議使用內緣沒有死角的廣口杯，可以輕鬆地將皂液攪拌完成，清洗上也相當方便。

溫度槍或溫度計

用來測量鹼水與油脂溫度。

💜 小叮嚀　溶解氫氧化鈉時，避免使用溫度計攪拌，非常容易因為碰撞破裂導致危險。

模型

入皂模型有很多材質可供選擇，例如矽膠、壓克力、木盒、牛奶盒等均可，可依個人需求選購使用。選購的時候需注意盛裝皂液的容積量。

♥ 小叮嚀　容積量換算方式：內徑長 × 寬 × 高 ＝ 容積量（代表能夠盛裝多少皂液）

不鏽鋼長柄湯匙
大湯匙

長柄湯匙用來攪拌鹼液或皂液調色，以及秤量色粉的基本單位時使用。26cm長柄湯匙是目前測試過最好用的工具。大湯匙用來舀皂液。一湯匙約50g，能省去量秤皂液時間。

直立式電動攪拌器

用來輔助皂液攪拌，使成品較為細緻均勻。使用直立式電動攪拌器，可以增加分子碰撞率，減少操作時間增加皂化率。不過，由於各款機型瓦數及轉數都不同，建議購買前要多加比較，選擇能夠調整段數的為佳。

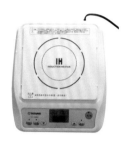

加熱器工具

使用電磁爐或是瓦斯爐皆可。用來溶解油脂及提高油脂溫度。

橡皮刮刀

皂液倒入模型時，可以將鍋內剩餘的皂液刮乾淨，避免造成浪費。材質上建議選擇矽膠刮刀為佳。

渲染用小刮刀

小刮刀在渲染技法上擔任非常重要的角色。不但可以拉出細膩的線條，也可以幫助皂液帶到模型底部。

抹布

手工皂製作完畢時，應使用抹布將鍋子內部多餘的皂液擦拭乾淨，勿直接清洗工具。若直接清洗工具，長期下來容易造成未皂化完全的油脂阻塞排水孔。擦拭後的抹布可靜置1週待其皂化後，再泡水清洗即可。

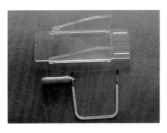

切皂器

切皂的工具選擇相當多種,可以使用菜刀、線刀、排切、推皂器等等,可依個人喜好選擇。

修皂器

可刨除表面白粉,使表面更光滑平整。渲染皂面積大,容易跟空氣中的二氧化碳接觸,有時候會產生些許白粉,這些都是屬於正常現象,必須利用修皂器將表面刨除,才能夠將顏色漂亮呈現出來。

季芸老師比較愛用壓克力修皂器。使用前可以先準備一條微濕的抹布,將修皂器表面先擦拭,再進行修皂工作。修皂的時間點為切皂後1週內都是最佳時機。

保麗龍箱

用來保溫讓皂體皂化更完全。配方當中如果有蛋白質類的添加物,例如豆漿、鮮奶、母乳、羊奶等等,可以不需要放入保麗龍箱保溫。

保鮮膜、幻燈片膠片

用來隔絕空氣中的二氧化碳,避免產生過多的白粉。

皂章

切皂後約1週內,可以使用壓克力皂章蓋在皂體上面,使皂體外觀更加生動活潑,創造屬於自己的風格。

塑膠籃或木籃

用來放置手工皂使用。

# 機打教學

攪拌是一門很深的學問，並不是盲目地亂攪，直到皂液濃稠就算成功。攪拌的「均勻度」才是成功的關鍵。

在忙碌的工作環境中，大多數喜愛手作的人實在沒有多餘時間，全程使用打蛋器攪拌製作手工皂，這時機打就成為製皂最好的小幫手。而且正確使用機打，還能夠打出零氣泡又細緻的肥皂。

季芸老師教學以來就一直提倡，製作手工皂時部分攪拌使用機打輔助，一來可以節省許多時間，二來還能提升皂化率。

市售的電動攪拌器樣式非常多種，到底該如何選擇，才能挑出適合自己的機器？若對於機打不熟悉的人，鹼水倒入油脂之後，可以先用打蛋器快速攪拌5~10分鐘，再使用機打輔助。若想要全程使用機打，必須對電動攪拌器相當熟悉，才能避免皂液過度濃稠，造成調色困難。

電動攪拌器選購與鍋具選擇

挑選電動攪拌器時，建議有段數選擇的為最佳優先。一般新手練習的油量並不會太多，若購買機型只有1段式的電動攪拌器，轉速會太快，按幾秒鐘就容易讓皂液結塊，造成假皂化，或者造成皂液過度濃稠，導致渲染調色困難。建議至少段數要有2段以上；使用低轉速電動攪拌器會比較好操控，並且中途要搭配刮刀將結塊的皂液均勻拌開。

鍋子的選擇是另一個重要的關鍵。鍋子太大或者太矮，容易造成皂液高度過低，使用機打時容易產生氣泡；且鍋子太大容易造成攪拌面積不足，無法均勻混合。以油量700~900克來說，使用14cm×14cm高鍋就足夠，若油量為1000~1500克則可以使用16cm×16cm的高鍋。

零氣泡正確機打方式

電動攪拌器因為規格不同，很容易造成空氣卡在凹槽內，攪拌時有過多的氣泡產生。將刀頭放入皂液內時，先將鍋子傾斜，攪拌器再以45度角放入，開口朝上讓多餘空氣排出，然後再慢慢將刀頭放直，最後輕壓機器。啟動之後，可先聽機器聲音是否安靜，若有空氣沒排出，通常會聽見很大的聲音及氣泡音，此時就不宜再繼續啟動機器，必須先將空氣排除後才可以再進行。

初學者可以先將不鏽鋼鍋裝水練習，看看是否會產生氣泡，由此來調整操作方式。皂液最佳高度為將攪拌器放進去後，皂液高度至少淹過攪拌器刀頭5cm以上為最佳，避免轉速太快，讓空氣從氣孔進入。

機打按壓的秒數會因為電動攪拌器本身轉數而有所差異。建議將每鍋皂液分成上下左右四個點，每個點各打2~3秒就先停止，使用刮刀將皂液來回推開一段時間後，再繼續重覆機打動作。使用刮刀時，要經常地將附著在鍋邊的皂液刮下來。而此時攪拌器並不需抽離開皂液，可直接放至皂液內，避免進出太多次，容易有氣泡產生。

開始使用電動攪拌器時，攪拌器刀頭應微微傾斜，不要完全垂直打，如此可以避免皂液只集中在某個區塊，造成局部結塊而產生的皂化不完全。

💜 小叮嚀　機器使用完畢後，要記得先將插頭拔除才能清潔，避免造成危險。

Chapter 3
冷製手工皂製作

基礎打皂在技術課程中，
是相當重要的一個環節，卻也是最容易被忽略的。
打皂基礎功強，對於技法的變化就能得心應手，
因此一定要在基礎打皂上下功夫，勤加練習。

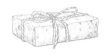 # 冷製手工皂步驟教學

01 前置作業準備

配方及打皂所需要的工具，如：鍋子、打蛋器、油品、手套、口罩、護目鏡、模型等等準備齊全。

02 製作鹼液

確認電子秤單位數為g（克），將氫氧化鈉分批加入冰塊或純水當中，並攪拌至氫氧化鈉完全溶解，等待鹼水溶解透徹才能使用。鹼液溶解完後，可以使用壓克力板或保鮮膜蓋上，避免跟空氣接觸，等待溫度降至35度以下就能使用。

💜 小叮嚀　請勿使用溫度計攪拌，避免斷裂造成危險。

03 秤量油品

按照配方比例，逐一將油品慢慢加入鍋子中，並將油品加熱溶解，待溫度降溫至35度至40度備用。油品倒完後記得要將瓶口擦拭乾淨，避免瓶口氧化。電子秤都有設

計歸零鍵，每一款油脂量秤完畢都要記得按歸零鍵。建議量秤油品時總油量多3%的油脂，當前段超脂使用，會使成品較為溫和。

💜 小叮嚀　冬天椰子油跟棕櫚油會凝固，使用前可連瓶身浸泡溫水，讓油品溶化之後再使用。鍋身記得貼上鍋子重量，等油品量秤完畢時可以扣除鍋子重量，確認油品重量是否有誤。

04 香氛添加

香氛的選擇有精油、香精、環保香氛等等，可依個人喜好自由選擇混搭。容易加速皂化的香氛，不適合加在渲染皂配方裡，容易造成調色來不及。

· 精油使用比例為油量的 1%~3%
· 香精使用比例為油量的 1%~2%
· 環保香氛比例為油量的 1%~2%

舉例：油量800克×2% = 16(ml)，則香氛添加量為16ml

05 油鹼混合

鹼水跟油品都準備好之後，當油脂溫度約為35度至40度時，將鹼水慢慢倒入油鍋中。快速攪拌10分鐘之後，速度可以稍微趨緩，但仍持續攪拌。在攪拌的過程中，要經常性地使用刮刀，將鍋邊的皂液刮下來，避免鍋邊未反應完的油脂，造成日後成品提早起黃斑及皂化不完全。中途可利用電動攪拌器加快皂化速度，以及提升皂體皂化率。

06 入模

皂液攪拌至light trace後，就可以開始準備加入精油及調色。接著等待皂液濃稠度為trace才適合入模。當皂液表面畫出痕跡不會消失時，即可當作入模時機參考。若中途使用電動攪拌器，精油及添加物建議使用機打前就提早加入。

07 保溫

並非所有的手工皂都要進行保溫，家事皂、豆漿皂、鮮奶皂、羊奶皂、母乳皂，皆可不用保溫。其餘皂款可以放入保麗龍箱保溫約48小時，才可以進行脫模。夏天天氣過熱時，建議用紙箱保溫或不需要保溫，冬天則可適度加強保溫，提升皂化率。若保溫過度造成皂體出水，只要將水氣擦拭掉即可，並不影響使用。

08 清理工具

手工皂製作完畢時，建議使用抹布將工具全部擦拭乾淨，靜置1~2天再清洗。若直接清洗，長期下來容易造成未皂化完的油脂堵塞排水孔。擦拭工具後的抹布建議放置1週等皂化後再清洗。

---

09 脫模

因為配方、環境、濕度不同，手工皂的脫模時間也不一定。家事皂脫模時間約24小時，其它的皂款約2~3天脫模；小造型模皂化慢，建議3~5天後再進行脫模。冬天氣溫低皂化更慢，故冬天打的皂可盡量延長脫模時間。

模型材質有非常多種，如遇上皂體黏模時不可強行脫模，容易造成皂體受損。建議可以連同模具放至冷凍約30分鐘，就會變得相當好脫模。脫模後如果皂體微濕，只要靜置幾個小時後會自行乾燥。

---

10 切皂

市面上的切皂器種類相當多，一般分為菜刀、線刀、排切及推切，可以依個人喜好自由選擇使用。切皂的時機點依皂的種類而定，家事皂通常脫模後皂體就相當硬，可以直接切；其餘皂款脫模後，可以靜置約半天至一天，等表面不黏手後就能進行切皂。

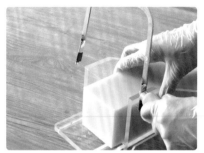
土司型切皂器

排切

推切

菜刀切皂

11 蓋皂章

皂章材質大部分為壓克力製品，<u>建議在使用過後</u>
<u>清理乾淨，避免造成下一次使用容易卡皂及黃斑</u>
<u>形成</u>。每一款皂的配方及含水量不同，因此切皂
後1~7天都有可能是最佳蓋章時機，可以按壓皂
體是否有Q度，當作蓋章的參考指標。如果錯過
最佳時機造成皂體太硬，可使用吹風機將皂體吹
軟再進行蓋章動作。蓋皂章時，只需要平均往下
施壓，再輕輕拔起即可完成。

12 修皂

修皂器分為木頭製及壓克力製，可依個人喜好選購使用。修皂時機點，在切皂完成等待皂體變硬後就能修皂，大約在切皂後3~7天為最佳修皂時機點。渲染皂表面容易跟空氣接觸造成顏色霧化不清楚，故建議都要將表面刨除，這樣才能呈現最漂亮的色澤。

修皂器用濕抹布先擦過

需修掉皂上面的白粉

手握緊修皂器推過去

修皂完成

13 晾皂

剛製作好的手工皂含水量跟鹼性都還很高，不能
立刻使用，要等待鹼性下降，水分蒸發後才能使
用，一般晾皂期約為30~60天左右。晾皂環境也
很重要，濕度是相當重要的一環，建議濕度要低
於50%，在乾燥的環境下才有利於手工皂存放。

14 包裝

肥皂熟成後，建議要將手工皂密封包裝，避免長期跟空氣、光照接觸，造成手工皂
提早氧化。包裝後可放置紙箱、鞋盒、抽屜保存，都是非常好的存放環境。

Chapter 4
渲染皂色彩學

想要製作出色彩美麗的手工渲染皂，
色彩的掌握與應用絕對是成功的最重要關鍵。

這個單元要帶大家認識各種添加物的特性
以及如何利用色彩特性做顏色配搭，
只要掌握住技巧與訣竅，就能夠打造出創意無限的美麗皂型。

 # 手工皂色料介紹

色彩的配色，在渲染皂上是影響成敗相當重要的關鍵。在調色與配色之前，我們必須先了解粉類的特性，才能夠創造出屬於自己風格的顏色。

我們可先將手工皂常用的色料分為植物粉、礦物粉、雲母粉、色粉、色液五大類，而渲染使用的顏色分為紅、橙、黃、綠、藍、靛、紫、黑、白、咖，基本上10種顏色相互去配色就很足夠。

白色呈現明亮及乾淨的色調，在渲染當中顯得相當重要。渲染皂的白色線條大多以二氧化鈦粉取代居多。雖然白色雲母粉也能夠使用，但在顯色上，二氧化鈦粉較為明顯。

另外要注意的一點，二氧化鈦粉有分為油溶及水溶兩種，購買時要特別注意屬性，避免因為沒有調勻造成入皂時產生小顆粒。油溶性二氧化鈦粉建議加入少許精油就能夠快速溶解，水溶性二氧化鈦粉則加入純水溶解即可。

對於新手來說，在配色之前首要工作是先將手邊的粉類，詳細記錄入皂後呈現的顏色類型。其實大多數的添加物都不耐鹼，尤其是植物粉，入皂後顏色變數相當大，常會與期望值有落差，讓製皂者又驚又喜，所以，必須得不斷地測試與經驗累積，將實驗心得記錄下來作為參考。

色粉入皂範例：

1.紅麴粉看似紅色，入皂後卻呈現橘色。
2.玫瑰果粉看似粉紅色，入皂後卻呈現深褐色。
3.低溫艾草粉看似翠綠色，入皂後卻呈現橄欖綠。

二氧化鈦粉調色方式

將油性二氧化鈦粉加入少許精油，調成糊狀後再加入皂液。

雲母粉調色方式

取出少許皂液加入雲母粉後，使用長柄湯匙貼著杯緣攪拌，調開後再加入剩餘皂液。

植物粉

大部分的植物粉都不耐鹼，容易隨著時間的流逝，顏色慢慢褪去，無法長時間留住色彩。入皂時，建議選擇顏色較分明的粉類，例如黑色→備長炭、咖啡色→可可粉、綠色→綠色低溫艾草粉、橘色→紅麴粉、藍色→青黛粉、磚紅色→茜草根粉、灰色→乳香粉。植物粉在渲染上較容易暈開，線條不明顯，入皂後容易褪色，若單獨使用也會有不一樣的風格。另外，植物粉容易吸濕結塊，建議使用少量皂液或者基底油先均勻調開再使用。

礦物粉

礦泥粉比重較重，所以在線條呈現上會較為明顯。最常使用的為法國粉紅礦泥粉、澳洲紅礦泥粉、綠礦泥粉、黃礦泥粉；澳洲紅礦泥粉入皂遇水後，會產生紅色泡泡屬正常現象。使用礦泥粉調色時，可以用少量基底油或者純水調開，較不容易結塊。

雲母粉

目前市面上的雲母粉種類相當多，選擇性高、褪色慢、飽和度佳，使用皂液就非常容易調開，不太容易結塊。顏色皆可按照個人喜好去選購。同屬性的雲母粉亦能互相混合，調配出不同色彩。

穩定度　色粉 > 雲母 > 植物粉
雲母→便　品級較安全
植物粉　料　藥殘留、品褪色、線條不明題。
介　常用的:備長炭、青黛。
紹

色粉

色粉皆為濃縮‥‥定色的角色,使用上只要少許就足夠,但需取樣測試其耐
鹼程度記錄下來　其它系列粉皆能交替使用,例如綠色的低溫艾草粉加入一
點點色粉,能使　更久,色澤上也更加顯色。

☆ 粉類入皂比例參考

粉類會因為比重、顆粒大小、耐鹼程度不同,需要使用的分量也不同,大部分都要測試過後才會有參考依據。量粉時可以使用固定的長柄湯匙,當作參考值。

舉例:皂液 200 克
　　　植物粉約 3~4 匙
　　　礦物粉約 1~2 匙
　　　雲母粉約 ¼ 匙 ~1 匙
　　　二氧化鈦粉 1~2 平匙

¼匙

⅓匙

½匙

1匙

二氧化鈦粉1平匙

量粉用湯匙

色液

色液分為2種，一種為廠商調好販售，使用時需注意用量及濃度。另一種色液可按照個人喜好調整濃度，調好後的色液只需要直接加入皂液中調開就能使用。

☆ 色液製作方式

為了方便快速調色，可將粉類先加入基底油攪拌均勻後，先行裝瓶再使用。但裝瓶後的色液容易跟空氣接觸後氧化，入皂後容易造成皂體起黃斑，建議色液開封後 3 個月內用完。

適合調色的基底油有精製橄欖油、甜杏仁油、榛果油、杏桃核仁油，調色濃度可依個人喜好調整，例如油與粉 1：1 或者 2：1，兩者混合後再裝入瓶中使用。

任何屬性的粉皆可互相混合後裝瓶使用，例如紫色雲母粉加上紅色雲母粉，兩者混合後會變成紫紅色。

色彩配色學

色彩搭配上分為冷色系、暖色系、互補色和相近色。明度指的則是顏色的明亮度，明度愈高，色彩就會顯得愈亮；明度愈低，色彩就會顯得愈暗。在色相中依明度高低顏色分別為「黃、綠、紅、藍、紫」。

可參考色環圖與基本調色原理來配色。粉類皆可用混搭的方式調淡或加深。玩顏色就像調色盤一樣，不妨利用在調色的時候，準備調色盤將皂液混合其中測試，例如將不同顏色的雲母粉或植物粉、礦物粉、色粉混合一起使用。

基礎色

紅色　　黃色　　藍色

二次色

紅色 ＋ 黃色 ＝ 橘色　　　　藍色 ＋ 黃色 ＝ 綠色

紅色 ＋ 藍色 ＝ 紫色

三次色：基礎色與二次色再混合

黃色 ＋ 橘色 ＝ 橘黃色　　　　黃色 ＋ 綠色 ＝ 黃綠色

藍色 ＋ 綠色 ＝ 藍綠色　　　　藍色 ＋ 紫色 ＝ 藍紫色

※ 注意：三次色之後還能再創造出千變萬化的色彩，可以試著動手調製看看！

調色練習

撕一張保鮮膜貼於桌面，取出不同顏色的雲母粉，再滴上基底油將粉調開，藉由此方式分辨出不同粉類混合之後的顏色。例如：紫色雲母粉若調色出來不夠紫，就加一點紅色或粉紅色雲母粉去調整明亮度，這樣一來就能輕鬆改變原有的色階。

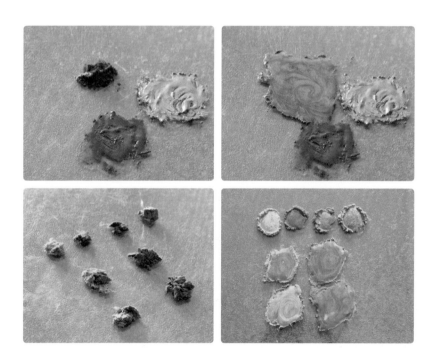

渲染皂色彩搭配

渲染配色方式

・單色

以某個顏色為主，再著重明度的變化，加深或者變淡。可以利用皂液直接調整亮度及淺度，例如將綠色調深淺，雖然是單色，但是在渲染的視覺上一樣能營造出有層次的感覺，非常適合新手練習。

・相近色配色

色環表中連續相鄰的3至5個顏色，稱為鄰近色，給人的感覺比較和諧、協調。實際配色時，我們可以利用這些顏色再做飽和度的調整。以紫、紅、橙為例，能將其中一色飽和度加深，這樣一來就能創造出比較大的色相差異。

・互補色配色

在色環表上180度的2個色相，例如紫色的互補色為黃色，藍色的互補色為橙色、紅色的互補色為綠色等。在配色上，例如亮紅色配上淺綠色雖然是互補色，一樣也可以調整深淺度及明亮度，讓顏色不失鮮明。在大自然中的互補配色，會讓色彩豐富而有生命力。

♥ 小叮嚀　渲染在配色上建議不要超過四色，避免過多顏色造成皂液容易呈現混濁色。白色在配色上擔任很重要的角色，能提高色彩亮度。其實單色也能夠創造出乾淨、柔美的線條，建議多利用不同的組合，勤勞記錄每一次的配色，才能加以修正，創造出屬於自己的千變萬化渲染皂。

想要成功做出一款好看又好洗的渲染手工皂，
從基礎攪皂到模具、工具的選用，以及添加物的入皂時機與選擇，
其實都有小訣竅可以幫助製皂者提升成功率。
快跟著季芸老師幫大家整理出的渲染皂 10 大必讀重點，
還有大家最想知道的渲染問答 Q&A，
練習打出屬於你的美麗渲染皂吧！

渲染10大重點必讀

Point 01 攪拌

在手工皂的製作上，攪拌是相當重要的一環，不論是手動攪拌，或者是使用機器小幫手來攪拌，「均勻」是最重要的追求。小幫手建議在中段使用，不建議全程，避免皂化速度太快，導致皂液過度濃稠，來不及調色及渲染。

Point 02 溫度 *35～40°C*

皂化是一種放熱反應，過高的溫度容易造成分子碰撞過度劇烈，皂液濃稠加快；過低的溫度容易造成油脂凝固產生假皂化，導致攪拌不夠，產生皂化不完全。最佳溫度應控制在35至40度之間。

Point 03 配方油品選擇 *椰油、榛果油、pure橄欖油.*

書中的配方油脂大多選擇精製油品。未精製油品內含不皂化物高，容易造成皂化速度過快，導致皂液太快濃稠，來不及調色及渲染，在成品上也會比較偏黃。

因此，在油品的選擇上，避免使用高比例容易加速皂化的油品，例如未精製乳油木果脂、未精製可可脂、未精製酪梨油、米糠油、蓖麻油、浸泡油、蜜蠟、硬棕、紅棕櫚油、初榨級橄欖油、苦楝油、月桂果籽油等等。未精製的油品很容易從顏色及味道分辨得出來。若想要成皂皂體比較偏白，在油脂的使用上可以選擇椰子油、榛果油、甜杏仁油、杏桃核仁油、精製橄欖油。

選擇好模型後，就可以初估計算要打多少油量較為適合，避免切出大小不一的皂體。

舉例：

初估皂液量：內徑長×寬×高＝容積

先預估想製作的皂體高度，例如長24cm寬18cm 高3cm

容積算法：24×18×3=1296　　　1296÷1.5（油鹼比）=864

因此初估配方設計油量，可以設計約900克油量

💜 小叮嚀　晾皂後皂體收縮率為 10~15%，別忘了也要計算收縮率及密度的改變

例如切塊後皂體尺寸長 7cm× 寬 7cm× 高 2.5cm

7×7×2.5=122.5g　　　122.5×90% ＝ 110g　　　晾皂後約 110g±5g 左右

新手在練習渲染技法時，最常面臨到的問題就是：到底該選擇哪一種渲染模具？其實，每一款模具都各有優缺點，應該要明白優缺點後，再去適度的調整技法，這樣在操作上才能較得心應手。一般來說，建議新手先選擇面積較大的模型練習，失敗率會比較低，模型若太深容易發生皂液沖不下去的情況。

模型差異性比較

一般模型分為淺模、深模、土司模，渲染應以淺模、面積大為最佳優先考慮。

・木盒渲染模

木盒渲染模是最常拿來使用的模型之一。木盒能夠隔絕空氣，增加皂化率，降低白粉量。夏天如果室內溫度過高，亦可取出木盒使用，渲染結束後蓋上保鮮膜即可。

- 淺模

  淺模面積大,一般人做渲染皂時比較容易上手。大面積能製作出變化較多的花紋,但要注意淺模散熱快,冬天要多注意保溫問題。

- 深模

  優點為對剖時有成對的花色,缺點則是模具太深,皂液容易沖不到底部,底部線條比較容易糊掉,不適合新手使用。

- 土司模

  土司模是市面上最容易買到的模具,優點是取得容易,缺點為形狀比較狹窄,在勾勒線條時容易造成限制,會增加操作難度。若使用流動技法,就能提高成功率。而土司模種類有7×7cm、8×6cm、6×8cm尺寸。

- 造型模

  適合新手操作,在渲染的技巧上有些是不適合切開的,保留完整花紋會較為漂亮。造型模不建議太早脫模,建議脫模時可先冷凍30分鐘,避免造成黏模情況產生。

- 工具

  渲染皂工具選擇並沒有太多限制,大部分使用的工具為小刮刀、溫度計、不鏽鋼筷子、竹籤等等,建議大家多嘗試不同的工具,也許能創造出不同的渲染效果。季芸老師則是偏好使用小刮刀與溫度計,來製作出獨一無二的渲染皂。

Point 06　粉類選擇

在調色之前一定要先了解粉類的屬性,並且先將要使用的顏色選出來。

一般渲染的粉分為植物粉、礦物粉、雲母粉、色粉、色液。植物粉耐鹼度較差,比重較輕,飽和度較不足夠,需要的用量較多。礦物粉與雲母粉比重較重,用量較少,在調色上可以使用固定湯匙當基準數,如此一來就能省去秤量色粉的時間。

水量 *NaOH ×2.3倍 (渲染)*

水量計算方式為氫氧化鈉的2~2.3倍。渲染皂技法水量不宜過低,大部分為2.3倍。水分高適合新手、速度慢者操作。濕度高時皂體容易導致水分無法揮發,表面形成水珠,此為正常情況,擦拭掉即可。

· 水倍數低鹼水濃度高,皂化較快,皂液會比較快濃稠。
· 水倍數高鹼水濃度低,皂化較慢,皂液會比較慢濃稠。

Point 08 乳類的重要性 *總水量的20%~30% 低脂鮮奶*

蛋白質入皂具有升溫的效果,降低油鹼分離的機會,並且能穩定手工皂品質讓手工皂成品保存較久。因此,建議渲染皂鹼水的部分,使用部分蛋白質類物質取代水,用量為總水量的20%~30%之間就足夠。

乳類的選擇上有:鮮奶、母乳、豆漿、優酪乳、羊奶,不建議使用100%乳或者50%乳。添加過多蛋白質會造成皂體顏色偏黃、調色上困難。建議選擇低脂鮮奶即可,全脂鮮奶容易因為攪拌時間不夠,皂容易產生顆粒,造成外表不美觀。

Point 09 精油

容易加速皂化的精油應該避免使用在渲染皂,以免造成皂液過於濃稠,來不及調色及渲染,例如:丁香、肉桂、安息香、冬青、玫瑰天竺葵、玫瑰、檀香、香茅、依蘭等等。 *加速皂化精油*

顏色偏棕或偏黃的精油也容易改變皂體顏色,造成成品顏色暗沉,例如:甜橙、檸檬草、檜木、乳香、廣藿香,建議選擇較透明的精油,例如薰衣草精油就相當適合渲染使用,季芸老師相當推薦。

Point 10 切皂

切皂最有趣的就是切開瞬間感受到的喜悅。渲染皂最特別的地方就是切開後，每一塊渲染都會呈現不同的花色。建議先想好切皂方向及尺寸，選擇適合的切皂器，才不會切錯。

 # 皂友最想知道的渲染Q&A

Q 渲染皂適合什麼樣的模型？

A 建議使用面積較大的模具，畫線條及沖皂液時能更加順利。

Q 渲染皂適合用電動攪拌器輔助嗎？

A 沒問題的，建議在中段使用機打輔助，讓皂液更均勻細緻。中段及後段都需使用刮刀輕輕將皂液拌勻，避免電動攪拌器轉數太快，造成皂液結塊，導致皂化不完全。

Q 渲染皂液要達到什麼樣的濃度才能調色呢？

A 皂液濃稠度要達到light trace才能調色。手打可用刮刀輕輕畫出8字不會消失，或是阻力很重但看不到痕跡，以上可當作參考標準。

Q 渲染皂液要達到什麼程度才能入模？

A 調色後要確定皂液達到trace才能準備入模渲染。若太早入模，容易發生皂化不完全或者鬆糕現象。

Q 皂液如何能順利沖到底部？

A 皂液倒入時流量要夠大，分為三個高度不同流量依序往下沖，最後再將皂液回補在表面即可。而流量太小是沖不下去失敗的原因。

Q 可以將純水結成冰塊嗎？

A 可以的。這樣可以降低溶解氫氧化鈉產生的味道，等待鹼水溶解完全透徹，溫度降到35度以下就能夠使用。溶解完若不立刻使用，記得先蓋上壓克力板或保鮮膜，避免跟空氣接觸。

Q 渲染皂脫模時間？

A 建議3~5天表面凝固不黏模後再脫模。水分太高或者天氣太冷皂化比較慢時，要更有耐心等待。若發生黏模情況，建議先行冷凍30分鐘再脫模。

Q 調色後如果皂液還是太稀要怎麼處理？

A 可以先靜置5分鐘，等皂液表面稍微凝固時再入模。

Q 渲染皂也能做乳皂嗎？

A 全乳皂會讓皂體偏黃，建議使用總水量的25%~30%乳量就夠。在乳類的選擇上，建議選擇低脂鮮奶，全脂鮮奶蛋白質含量高，短時間較不容易打散，容易結成顆粒狀。建議大家使用部分乳取代水，這樣一來能增加皂化率，成功率也比較高。

Q 用蓋子蓋上的鹼水溫度太低，需要再加熱嗎？

A 只要確定鹼有溶解完全就能夠使用，即使是室溫也可以，並不需要再加熱。

◎ 渲染皂需要保溫嗎？

Ⓐ 水皂需要保溫，乳皂則不需要保溫。乳皂若保溫會造成溫度太高，皂體容易
變成焦糖色，影響美觀。放在桌上只需加上蓋子或者加保鮮膜即可，幻燈片
也是不錯的選擇。

◎ 溶完的鹼水可以放多久？

Ⓐ 鹼水溶完後尚未加入鮮奶前，只要正確蓋上壓
克力片或者蓋上保鮮膜，避免跟空氣接觸，放
在陰涼處，隔天使用是可以的。

◎ 為什麼我的鮮奶倒入後就會看見結塊的乳脂肪？

Ⓐ 鮮奶中的蛋白質跟鹼水反應之後會立刻飆高溫，蛋白質含量愈高溫度飆得愈高。
例如30%的鮮奶跟鹼水混合後，大概會上升5到10度，50%以上的鮮奶油可能
上升10到15度。假設鹼水溶完降溫到20度，使用30%鮮乳，之後的溫度可能落
在25到30度之間。溶完鹼水若溫度太高，建議鹼水先用冰塊降溫再倒入鮮奶。

◎ 渲染皂該選擇哪種切皂器？

Ⓐ 如果使用土司模渲染，只需要選擇一般切皂器
即可。如果使用較大的渲染模，可以使用推切
或者DIY切皂器。

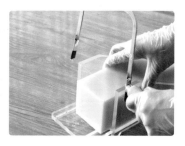

Q 脫模前看見肥皂有水珠是什麼原因？

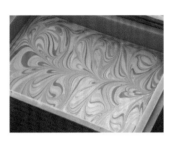

A 皂化的過程溫度上升，水氣無法排出就會產生
水蒸氣凝結，造成水珠停留在皂體表面，建議
用餐巾紙擦拭掉就好。擦拭過後如果產生白粉
為正常情況，切皂完後約3~7天，再用修皂器
刨除即可。

排解方式：避免皂化溫度過高，水氣往上推

Q 鹼水與油脂溫度超過10度是否可以混合？

A 可以的，但溫差過大時不要將鹼水一口氣倒入，只需要將鹼水分批慢慢加進
油脂中，快速攪拌即可。

Q 渲染一定要修皂嗎？

A 建議一定要修皂。模型面積大容易在表面形成白粉，除了漂亮的顏色不容易
呈現之外，在晾皂時，白粉也容易吸收空氣的水分，造成皂體濕黏，所以最
好能夠修皂。

Q 修下來的皂屑該如何再利用？

A 1.靜置約3週後直接泡水軟化，就能夠用來清洗工具，相當好用。
2.使用機打將皂屑打碎後，加進皂裡成為皂中皂。
3.使用電鍋隔水加熱，或用微波爐將皂屑軟化後，再重新入模塑形。

Q 製皂完的工具該如何清理？

A 剛使用完的工具，裡面含有尚未皂化完成的油脂，若立即洗清又沒將多餘的皂液清除，長期下來很容易阻塞排水孔。建議戴上手套，使用乾淨的抹布將工具都擦拭乾淨後，隔天再清洗，抹布靜置約1週後再清洗。

Q 晾皂需要幾天時間？

A 晾皂約30~60天為最佳時間。晾皂環境要低濕，建議濕度在50%以下。濕度太高時，建議開除濕機。下雨天或者南風天的時候更要注意濕度，濕度太高容易造成肥皂提早氧化。

Q 手工皂熟成後需要包裝嗎？

A 台灣屬於亞熱帶型國家環境，容易潮濕悶熱。手工皂晾皂結束後，建議要做包裝處理。包裝後可以存放在較小的空間例如鞋盒、紙箱、抽屜等都是不錯的選擇，避免跟空氣及光陽接觸，就能延長手工皂壽命。

Q 包裝材質該如何選擇？

A 市面上有PE模、玻璃紙、包裝袋、防潮袋、真空袋等材質，可依個人喜好選擇。重點在於包裝後的存放環境更為重要。

Chapter 6
30款美麗好洗渲染皂

接下來，我們要進入最重要的渲染皂練習囉！
想要做出美麗的渲染皂，不二法門就是練習、練習、再練習。
只要依照季芸老師在前面章節教大家的色彩搭配，
再選擇好用小工具勤加練習基礎技法，
熟悉之後，大家就可以發揮創意，大膽嘗試各式各樣的渲染樣式，
做出獨一無二，只屬於你的美麗手工皂。

現在，就快跟著季芸老師
從這 30 款好洗又美麗的渲染皂開始實作練習吧！

薰衣草
甜杏保濕皂

　　新手必學渲染不敗款，即使選用單色操作也很容易上手。在模型的選擇上，建議挑選面積較大的渲染盤，操作上會較容易成功。拉線條時，利用刮刀及溫度計交替使用，U字型間隔也可依個人喜好調整間距，就能創造出不同渲染特色。

　　配方中含有橄欖油及甜杏仁油，是渲染皂萬用配方，適合中性膚質使用。其中甜杏仁油具有良好的起泡效果，並含有豐富油酸，能為肌膚帶來不錯的親膚性及保濕度。

材料

油脂				鹼液		
	椰子油	160	20%		氫氧化鈉	117g
	棕櫚油	240	30%		水量	200g
	橄欖油	240	30%		低脂鮮奶	70g
	甜杏仁油	160	20%			
	油量	800g				
	INS	147				

示範模具／24×18×6cm

使用工具／刮刀、溫度計

精油		
	薰衣草精油	6ml
	薄荷精油	6ml
	茶樹精油	4ml

添加物		
	淡藍色雲母粉	⅓匙
	深藍色雲母粉	⅓匙
	二氧化鈦粉	2平匙

01
融　油

將配方中的油脂全部秤量混合之後，加熱至35~40度，油脂必須呈現透明狀態，若加熱溫度太高，請降溫後才開始使用。

💜小叮嚀　冬天氣溫低時，椰子油、棕櫚油會凝固，可採取作法A：提前泡溫水讓油脂溶化後再取出使用；或者作法B：提前裝在容器中保存，再挖取使用。

02
溶　鹼

將氫氧化鈉分批倒入用純水製成的冰塊或純水中，攪拌至氫氧化鈉完全溶解。待鹼水降溫至30度以下，再將低脂鮮奶慢慢倒入鹼水中混合。最後將鹼液倒入油鍋中開始攪拌。

💜小叮嚀　低脂鮮奶倒入鹼水後請勿過度攪拌，避免蛋白質因為遇到鹼水升溫導致結塊。

03
打　皂

鹼液倒入油鍋之後，使用打蛋器快速攪拌約5~10分鐘，再配合打蛋器或手持式電動攪拌器打皂，將皂液攪拌至light trace。加入精油攪拌均勻後，觀察皂液呈現有阻力並且表面有微微的痕跡，就能開始準備調色。

💜小叮嚀　使用機打前可提早將精油倒入並且先攪拌均勻。使用機打中途要配合刮刀輕輕攪拌，才能讓皂液更均勻混合。

04
調　色

將皂液分為3杯來調色：
- 第1杯倒入300g皂液
  加入⅓匙淡藍色雲母粉
- 第2杯倒入150g皂液
  加入⅓匙深藍色雲母粉
- 第3杯倒入200g皂液
  加入2平匙二氧化鈦粉

♥小叮嚀　油溶性二氧化鈦粉可以加入少許精油先行調開後,再加入
　　　皂液均勻混合。

05
操　作

A.將皂液分別倒入模型中。（倒入調色皂液時,手勢由高至低、流
　量由大至小,來回倒在同一條直線上）

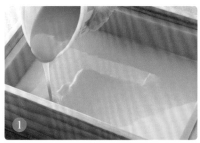

B.使用小刮刀左右來回畫出橫向線條。

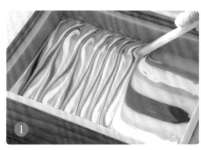

C.使用溫度計畫出直向U線條，寬度可以自由調整。

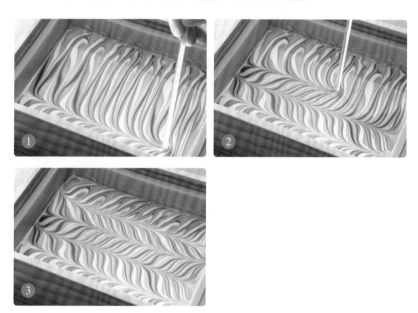

06
保　溫

有添加乳製品的皂液不用保溫，蓋上木盒或保鮮膜即可。若濕度太高或皂化溫度太高，入模後容易產生水珠，此屬於正常情況，可用餐巾紙擦拭。

07
脫　模

脫模時間約3天，依皂體乾燥程度斟酌調整脫模時間。脫模時如發生黏模，建議可先冷凍約30分鐘後再進行脫模。脫模後若有水珠為正常情況，讓皂體自然乾燥即可。

08
切　皂

脫模後等皂體表面乾燥不黏手，才可以開始進行切皂。

09
修　皂

切皂後約3~7天，可以利用修皂器將表面修掉，就能呈現漂亮的渲
染線條。

10
晾　皂

晾皂約45天後，就能開始進行包裝。

橄欖油滋潤皂

使用最簡單的三種油品，就能製作出保濕度極高的手工皂。配方中含50%的橄欖油，能製造出如牛奶般細緻的泡沫，洗後在肌膚上形成一層保護膜，尤其適合乾燥肌膚使用。

在橄欖油的選擇上，初榨橄欖油Extra Virgin Olive Oil不皂化物較高，油脂偏綠，在調色上較容易失真，因此，製作渲染皂時只需使用精製橄欖油Pure Olive Oil等級就足夠。另外，橄欖油渣Oilve Pomace Oil皂化太快，也不適合渲染皂使用。橄欖油含高比例油酸，吸水性強，入皂後具有不錯的滋潤度與清潔力，但建議使用過後要保持乾燥，才不至於使皂體消耗太快。

材料

油脂			
	椰子油	160	20%
	棕櫚油	240	30%
	橄欖油	400	50%
	油量	800g	
	INS	150	

精油		
	芳樟精油	5ml
	苦橙葉精油	5ml
	薰衣草精油	6ml

添加物		
	黃綠色雲母粉	⅓匙
	翠綠色雲母粉	⅓匙
	可可粉	3匙
	二氧化鈦粉	2平匙

鹼液		
	氫氧化鈉	117g
	水量	200g
	低脂鮮奶	70g

示範模具／24×18×6cm

使用工具／刮刀

01
融　油

將配方中的油脂全部秤量混合之後，加熱至35~40度，油脂必須呈現透明狀態，若加熱溫度太高，請降溫後才開始使用。

💜小叮嚀　冬天氣溫低時，椰子油、棕櫚油會凝固，可採取作法A：提前泡溫水讓油脂溶化後再取出使用；或者作法B：提前裝在容器中保存，再挖取使用。

02
溶　鹼

將氫氧化鈉分批倒入用純水製成的冰塊或純水中，攪拌至氫氧化鈉完全溶解。待鹼水降溫至30度以下，再將低脂鮮奶慢慢倒入鹼水中混合。最後將鹼液倒入油鍋中開始攪拌。

💜小叮嚀　低脂鮮奶倒入鹼水後請勿過度攪拌，避免蛋白質因為遇到鹼水升溫導致結塊。

03
打　皂

鹼液倒入油鍋之後，使用打蛋器快速攪拌約5~10分鐘，再配合打蛋器或手持式電動攪拌器打皂，將皂液攪拌至light trace。加入精油攪拌均勻後，觀察皂液呈現有阻力並且表面有微微的痕跡，就能開始準備調色。

💜小叮嚀　使用機打前可提早將精油倒入並且先攪拌均勻。使用機打中途要配合刮刀輕輕攪拌，才能讓皂液更均勻混合。

04

調　色

將皂液分為4杯來調色：

- ·第1杯倒入150g皂液
  加入⅓匙黃綠色雲母粉
- ·第2杯倒入150g皂液
  加入⅓匙翠綠色雲母粉
- ·第3杯倒入150g皂液
  加入3匙可可粉
- ·第4杯倒入200g皂液，加入2平匙二氧化鈦粉

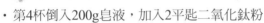

💜小叮嚀　咖啡皂液加入少許紅礦泥粉調開後，就能呈現偏紅的咖啡色。

💜小叮嚀　油溶性二氧化鈦粉可以加入少許精油先行調開後，再加入皂液均勻混合。

05

操　作

A.將皂液分別倒入模型中。（倒入調色皂液時，手勢由高至低、流量由大至小，來回倒在同一條直線上）

B.使用小刮刀左右來回畫出橫向線條。

C.用刮刀從渲染模對角處由下往上畫，再往右邊畫U線條，最後再
　畫左邊U線條。

06 保溫　有添加乳製品的皂液不用保溫，蓋上木盒或保鮮膜即可。

07 脫模　脫模時間約3天，依皂體乾燥程度斟酌調整脫模時間。脫模時如發生黏模，建議可先冷凍約30分鐘後再進行脫模。脫模後若有水珠為正常情況，讓皂體自然乾燥即可。

08 切皂　脫模後等皂體表面乾燥不黏手，才可以開始進行切皂。

09 修皂　切皂後約3~7天，可以利用修皂器將表面修掉，就能呈現漂亮的渲染線條。

10 晾皂　晾皂約45天後，就能開始進行包裝。

薰衣草舒眠皂

　　配方中的甜杏仁油含有豐富的維生素A、B群、E、礦物質等；不飽和脂肪酸中含有70%以上油酸及20%以上亞油酸，起泡力及保濕力極佳，很適合敏感肌使用，對於改善皮膚乾燥也有良好的效果，常在配方中擔任重要的角色。其實用最簡單的油品，最能體會出油脂的特性，從中再慢慢調整出屬於自己的配方，變化出不同的手工皂特性。

　　用孔雀渲技法拉出的這款小孔雀皂給人華麗的感覺，因此在顏色的選擇上使用亮眼的紫色來呈現。而薰衣草精油有放鬆安眠的效果，非常適合在忙碌的工作結束下班後沐浴使用，舒緩身心。

材料

油脂			
	椰子油	160	20%
	棕櫚油	240	30%
	甜杏仁油	400	50%
	油量	800g	
	INS	144	

精油		
	薰衣草精油	16ml

添加物		
	紫色雲母粉	1匙
	粉紅色雲母粉	1匙
	二氧化鈦粉	2平匙

鹼液		
	氫氧化鈉	118g
	水量	200g
	低脂鮮奶	70g

示範模具／24×18×6cm

使用工具／刮刀、竹籤

01
融 油

將配方中的油脂全部秤量混合之後，加熱至35~40度，油脂必須呈現透明狀態，若加熱溫度太高，請降溫後才開始使用。

♥小叮嚀　冬天氣溫低時，椰子油、棕櫚油會凝固，可採取作法A：提前泡溫水讓油脂溶化後再取出使用；或者作法B：提前裝在容器中保存，再挖取使用。

02
溶 鹼

將氫氧化鈉分批倒入用純水製成的冰塊或純水中，攪拌至氫氧化鈉完全溶解。待鹼水降溫至30度以下，再將低脂鮮奶慢慢倒入鹼水中混合。最後將鹼液倒入油鍋中開始攪拌。

♥小叮嚀　低脂鮮奶倒入鹼水後請勿過度攪拌，避免蛋白質因為遇到鹼水升溫導致結塊。

03
打 皂

鹼液倒入油鍋之後，使用打蛋器快速攪拌約5~10分鐘，再配合打蛋器或手持式電動攪拌器打皂，將皂液攪拌至light trace。加入精油攪拌均勻後，觀察皂液呈現有阻力並且表面有微微的痕跡，就能開始準備調色。

♥小叮嚀　使用機打前可提早將精油倒入並且先攪拌均勻。使用機打中途要配合刮刀輕輕攪拌，才能讓皂液更均勻混合。

04
調 色

將皂液分為3杯來調色：
・第1杯倒入150g皂液
　加入1匙粉紅色雲母粉
・第2杯倒入150g皂液
　加入1匙紫色雲母粉
・第3杯倒入200g皂液
　加入2平匙二氧化鈦粉

♥小叮嚀　油溶性二氧化鈦粉可以使用精油先行調開後，再加入皂液
　　　　均勻混合。

05
操　作

A.將皂液分別倒入模型中。（倒入調色皂液時，手勢由高至低、流
　量由大至小，來回倒Z字型，讓色液分佈在模型中）

B.使用小刮刀或者溫度計左右來回畫出橫向線條。

C.使用竹籤由模具最上方往下畫直線。抽起竹籤擦乾淨後,再重覆
此動作。每條線間隔要一致。

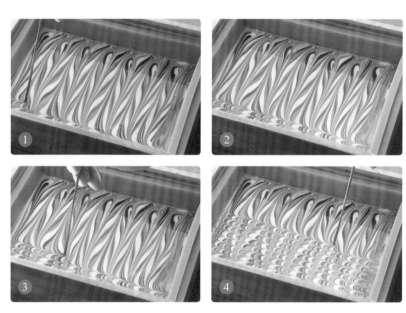

D.使用竹籤在模具最上端開始畫S線條,然後第二次再畫反方向的
S,利用點碰點的方式即可完成。

💜小叮嚀　紫色雲母粉調色後很容易變成淡紫色,建議可以將紫色雲
母粉加入少許紅色雲母粉,或者紫色雲母粉加入粉紅色雲母粉,就
能呈現亮眼的紫色。

06	保　溫	有添加乳製品的皂液不用保溫，蓋上木盒或保鮮膜即可。

07	脫　模	脫模時間約3天，依皂體乾燥程度斟酌調整脫模時間。脫模時如發生黏模，建議可先冷凍約30分鐘後再進行脫模。脫模後若有水珠為正常情況，讓皂體自然乾燥即可。

08	切　皂	脫模後等皂體表面乾燥不黏手，才可以開始進行切皂。

09	修　皂	切皂後約3~7天，若有白粉可以利用修皂器將表面修掉，就能呈現漂亮的渲染線條。

10	晾　皂	晾皂約45天後，就能開始進行包裝。

酪梨深層醒膚皂

　　這款技法重點在於配色及刮刀應用，將這兩點掌握到位，就能渲染出一款美麗炫目的手工皂款。

　　在刮刀的選擇上，建議以小刮刀為佳。刮刀的用處在於能夠將皂液帶到模型底部，並且能夠拉出細緻度很高的線條，流暢度遠遠超過溫度計的效果。將刮刀呈 45度角先拉出橫向間隔，並且控制間隔密度密一點，就能呈現漂亮的效果。最後再使用溫度計隨意畫上幾筆𝓛（草寫L）就完成囉！

材料

油脂				鹼液		
椰子油	160	20%		氫氧化鈉	118g	
棕櫚油	240	30%		水量	200g	
澳洲胡桃油	80	10%		低脂鮮奶	70g	
酪梨油	160	20%				
甜杏仁油	160	20%				
油量	800g					
INS	146					

示範模具／ 24×18×6cm

使用工具／刮刀、溫度計

精油		
薰衣草精油	8ml	
佛手柑精油	2ml	
芳樟精油	4ml	
玫瑰天竺葵	2ml	

添加物		
紅色色粉	¼匙	
葡萄紅雲母粉	½匙	
粉紅色雲母粉	1匙	
白色雲母粉	3匙	

01 融 油

將配方中的油脂全部秤量混合之後，加熱至35~40度，油脂必須呈現透明狀態，若加熱溫度太高，請降溫後才開始使用。

❤小叮嚀　冬天氣溫低時，椰子油、棕櫚油會凝固，可採取作法A：提前泡溫水讓油脂溶化後再取出使用；或者作法B：提前裝在容器中保存，再挖取使用。

02 溶 鹼

將氫氧化鈉分批倒入用純水製成的冰塊或純水中，攪拌至氫氧化鈉完全溶解。待鹼水降溫至30度以下，再將低脂鮮奶慢慢倒入鹼水中混合。最後將鹼液倒入油鍋中開始攪拌。

❤小叮嚀　低脂鮮奶倒入鹼水後請勿過度攪拌，避免蛋白質因為遇到鹼水升溫導致結塊。

03 打 皂

鹼液倒入油鍋之後，使用打蛋器快速攪拌約5~10分鐘，再配合打蛋器或手持式電動攪拌器打皂，將皂液攪拌至light trace。加入精油攪拌均勻後，觀察皂液呈現有阻力並且表面有微微的痕跡，就能開始準備調色。

❤小叮嚀　使用機打前可提早將精油倒入並且先攪拌均勻。使用機打中途要配合刮刀輕輕攪拌，才能讓皂液更均勻混合。

04 調 色

將皂液分為4杯來調色：

・第1杯倒入150g皂液，加入¼匙紅色色粉
・第2杯倒入150g皂液，加入½匙葡萄紅雲母粉
・第3杯倒入150g皂液，加入1匙粉紅色雲母粉
・第4杯倒入200g皂液，加入3匙白色雲母粉

❤小叮嚀　紅色色粉建議使用少許精油先調開。

05
操　作

A.將皂液分別倒入模型中。（倒入調色皂液時，手勢由高至低、流量由大至小，來回倒在同一條直線上）

B.使用小刮刀左右來回畫出橫向線條。

C.使用溫度計由左邊開始往下畫出 ℒ（草寫L）線條。

D.結束後可以重覆C步驟，再畫1次讓線條更豐富。

06 保　溫	有添加乳製品的皂液不用保溫，蓋上木盒或保鮮膜即可。若濕度太高或皂化溫度太高，入模後容易產生水珠，此屬於正常情況，可用餐巾紙擦拭。
07 脫　模	脫模時間約3天，依皂體乾燥程度斟酌調整脫模時間。脫模時如發生黏模，建議可先冷凍約30分鐘後再進行脫模。脫模後若有水珠為正常情況，讓皂體自然乾燥即可。
08 切　皂	脫模後等皂體表面乾燥不黏手，才可以開始進行切皂。
09 修　皂	切皂後約3~7天，可以利用修皂器將表面修掉，就能呈現漂亮的渲染線條。
10 晾　皂	晾皂約45天後，就能開始進行包裝。

澳洲胡桃修護皂

第5款 技法：直線渲

　　澳洲胡桃油含有20%以上的棕櫚油酸，它是植物中最接近於人體皮脂組成的油品之一，有很好的保濕及修復功能。棕櫚油酸具有良好的滲透性及保濕度，可以幫助角質層再生，延緩肌膚及細胞老化，為肌膚帶來柔潤的感受。良好的延展性也能夠在皮膚上輕易推開，進入肌膚底層，防止水分流失，因此非常適合當成保養品基底油來使用。

　　這款以清爽的綠色和純淨的白作為調色配搭，以簡單的直線渲創作出質樸線條紋路的渲染皂，呈現出低調質感，讓人愛不釋手想收藏，是一款好看又實用的美麗手工皂。

材料

油脂				鹼液		
油	椰子油	120	15%	鹼液	氫氧化鈉	116g
	棕櫚油	240	30%		水量	200g
	酪梨油	120	15%		低脂鮮奶	70g
	澳洲胡桃油	240	30%			
	芝麻油	80	10%			
脂	油量	800g				
	INS	141				

示範模具／24×18×6cm

使用工具／刮刀、溫度計

精油		
精油	綠花白千層精油	10ml
	尤加利精油	2ml
	茶樹精油	4ml

添加物		
添加物	綠色色粉	½匙
	二氧化鈦粉	2平匙

01 融 油

將配方中的油脂全部秤量混合之後,加熱至35~40度,油脂必須呈現透明狀態,若加熱溫度太高,請降溫後才開始使用。

♥小叮嚀　冬天氣溫低時,椰子油、棕櫚油會凝固,可採取作法A:提前泡溫水讓油脂溶化後再取出使用;或者作法B:提前裝在容器中保存,再挖取使用。

02 溶 鹼

將氫氧化鈉分批倒入用純水製成的冰塊或純水中,攪拌至氫氧化鈉完全溶解。待鹼水降溫至30度以下,再將低脂鮮奶慢慢倒入鹼水中混合。最後將鹼液倒入油鍋中開始攪拌。

♥小叮嚀　低脂鮮奶倒入鹼水後請勿過度攪拌,避免蛋白質因為遇到鹼水升溫導致結塊。

03 打 皂

鹼液倒入油鍋之後,使用打蛋器快速攪拌約5~10分鐘,再配合打蛋器或手持式電動攪拌器打皂,將皂液攪拌至light trace。加入精油攪拌均勻後,觀察皂液呈現有阻力並且表面有微微的痕跡,就能開始準備調色。

♥小叮嚀　使用機打前可提早將精油倒入並且先攪拌均勻。使用機打中途要配合刮刀輕輕攪拌,才能讓皂液更均勻混合。

04 調 色

將皂液分為1杯來調色:

・第1杯倒入250g皂液,加入2平匙二氧化鈦

♥小叮嚀　油溶性二氧化鈦粉可以加入少許精油先行調開後,再加入250g皂液均勻混合。

A.先將白色皂液調好後備用。

B.將½匙綠色色粉加入少許精油調開，再倒入主鍋攪拌均勻，讓主
　鍋呈現綠色後倒入模型。

C.在模型內倒入2條白色皂液。（倒入白色皂液時，手勢由高至低、
　流量大至小，來回倒在同一條直線上）

D.使用小刮刀左右來回畫出橫向線條。

E.再使用溫度計重覆畫橫向線條,讓線條更加細緻。

♥小叮嚀　將顏色換成咖啡色,也能製作成木紋皂。

06
保　溫　　有添加乳製品的皂液不用保溫,蓋上木盒或保鮮膜即可。若濕度太高或皂化溫度太高,入模後容易產生水珠,此屬於正常情況,可用餐巾紙擦拭。

| 07
脫　模 | 脫模時間約3天，依皂體乾燥程度斟酌調整脫模時間。脫模時如發生黏模，建議可先冷凍約30分鐘後再進行脫模。脫模後若有水珠為正常情況，讓皂體自然乾燥即可。 |

| 08
切　皂 | 脫模後等皂體表面乾燥不黏手，才可以開始進行切皂。 |

| 09
修　皂 | 切皂後約3~7天，可以利用修皂器將表面修掉，就能呈現漂亮的渲染線條。 |

| 10
晾　皂 | 晾皂約45天後，就能開始進行包裝。 |

甜杏寶貝乳皂

　　圓型技法可以延伸出不同特色，調色後只要定點倒入皂液，依序更換顏色，就能有漸層色澤的感覺，色彩上會更顯豐富。但要特別注意的是，倒入皂液時流量要略大，才能讓皂液沉入模型底部，因此，可將皂液分批倒入杯子當中，以流量大且穩定的速度倒入，多加練習這部分的技巧。而渲染的工具只需要使用溫度計，就能輕鬆畫出漂亮的線條。

　　另外，在配色上建議一定要搭配白色。因為白色能讓皂體明亮度提升，讓整體的色澤看起來更加柔美，綻放出美麗的效果。

材料

油脂			
椰子油	160	20%	
棕櫚油	240	30%	
杏桃核仁油	160	20%	
甜杏仁油	240	30%	
油量	800g		
INS	142		

精油	
薄荷精油	3ml
玫瑰天竺葵	5ml
佛手柑精油	3ml
馬鬱蘭精油	5ml

添加物	
紫色雲母粉	1匙
淡黃色雲母粉	1匙
淡藍色雲母粉	¼匙
粉紅色雲母粉	½匙
二氧化鈦粉	2平匙

鹼液	
氫氧化鈉	117g
水量	200g
低脂鮮奶	70g

示範模具／24×18×6cm

使用工具／溫度計

01
融　油

將配方中的油脂全部秤量混合之後，加熱至35~40度，油脂必須呈現透明狀態，若加熱溫度太高，請降溫後才開始使用。

💜小叮嚀　冬天氣溫低時，椰子油、棕櫚油會凝固，可採取作法A：提前泡溫水讓油脂溶化後再取出使用；或者作法B：提前裝在容器中保存，再挖取使用。

02
溶　鹼

將氫氧化鈉分批倒入用純水製成的冰塊或純水中，攪拌至氫氧化鈉完全溶解。待鹼水降溫至30度以下，再將低脂鮮奶慢慢倒入鹼水中混合。最後將鹼液倒入油鍋中開始攪拌。

💜小叮嚀　低脂鮮奶倒入鹼水後請勿過度攪拌，避免蛋白質因為遇到鹼水升溫導致結塊。

03
打　皂

鹼液倒入油鍋之後，使用打蛋器快速攪拌約5~10分鐘，再配合打蛋器或手持式電動攪拌器打皂，將皂液攪拌至light trace。加入精油攪拌均勻後，觀察皂液呈現有阻力並且表面有微微的痕跡，就能開始準備調色。

💜小叮嚀　使用機打前可提早將精油倒入並且先攪拌均勻。使用機打中途要配合刮刀輕輕攪拌，才能讓皂液更均勻混合。

04
調　色

將皂液分為5杯來調色：
- 第1杯倒入140g皂液
　加入1匙紫色雲母粉
- 第2杯倒入140g皂液
　加入1匙淡黃色雲母粉
- 第3杯倒入140g皂液
　加入¼匙淡藍色雲母粉

・第4杯倒入140g皂液，加入½匙粉紅色雲母粉

・第5杯倒入200g皂液，加入2平匙二氧化鈦粉

💛小叮嚀　油溶性二氧化鈦粉可以使用精油先行調開後，再加入皂液均勻混合。

05

操　作

A.皂液由高至低，定點倒在同一個位置。倒皂液一開始先拉高，皂液沉入後會慢慢浮上來，呈現出一個圓後再換顏色。色液與色液之間可以倒入白色，讓顏色更加分明。

例如紫色 ➡ 白色 ➡ 淡藍色 ➡ 白色以此類推。

B.中途可隨意將不同顏色之皂液，混合倒入杯中，再定點倒。即可
　呈現多種不同層次顏色。

C.依序將調色皂液都倒入模型，結束後輕敲模型，讓顏色分佈更均
　勻。

D.使用溫度計由中心點往外拉至模具邊，再往右內收弧度至中心點，
以此類推。最後一個葉瓣從中心點收尾。

06
保　溫

有添加乳製品的皂液不用保溫，蓋上木盒或保鮮膜即可。

07
脫　模

脫模時間約3天，依皂體乾燥程度斟酌調整脫模時間。脫模時如發生黏模，建議可先冷凍約30分鐘後再進行脫模。脫模後若有水珠為正常情況，讓皂體自然乾燥即可。

08
切　皂

脫模後等皂體表面乾燥不黏手，才可以開始進行切皂。

09
修　皂

切皂後約3~7天，可以利用修皂器將表面修掉，就能呈現漂亮的渲染線條。

10
晾　皂

晾皂約45天後，就能開始進行包裝。

杏桃核仁清新皂

　　在玩渲染皂的過程中，有時候不小心將皂液打太濃了怎麼辦？這時千萬別急著宣告放棄，不妨大膽地換另一種技法來製作，用濃T渲翻攪一番，切皂之後或許會有讓人意想不到的驚喜呢！

　　成分中的杏桃核仁油含有維生素A、B_1、B_2、B_6、C，以及豐富的礦物質和纖維質，含高比例的不飽和脂肪酸、亞油酸成分，能輕易被肌膚吸收，入皂後能夠產生豐富的泡沫，對肌膚而言是很珍貴的臉部按摩油，尤其適用於乾性和敏感性肌膚。另外，杏桃核仁油對脆弱的問題皮膚也很有助益，可幫助舒緩緊繃的身體、早熟的皮膚、敏感、乾燥等問題。一般在油品中添加的比例約10~50%，可搭配甜杏仁油使用，親膚性尤佳。

材料

油脂				鹼液		
	椰子油	160	20%		氫氧化鈉	117g
	棕櫚油	240	30%		水量	200g
	杏桃核仁油	400	50%		低脂鮮奶	70g
	油量	800g				
	INS	141				
精油	薄荷精油	10ml				
	杜松精油	2ml				
	佛手柑精油	4ml				
添加物	黃綠色雲母粉	½匙				
	翠綠色雲母粉	½匙				
	二氧化鈦粉	2平匙				

示範模具／24×18×6cm

使用工具／刮刀

01
融　油

將配方中的油脂全部秤量混合之後，加熱至35~40度，油脂必須呈現透明狀態，若加熱溫度太高，請降溫後才開始使用。

💙小叮嚀　冬天氣溫低時，椰子油、棕櫚油會凝固，可採取作法A：提前泡溫水讓油脂溶化後再取出使用；或者作法B：提前裝在容器中保存，再挖取使用。

02
溶　鹼

將氫氧化鈉分批倒入用純水製成的冰塊或純水中，攪拌至氫氧化鈉完全溶解。待鹼水降溫至30度以下，再將低脂鮮奶慢慢倒入鹼水中混合。最後將鹼液倒入油鍋中開始攪拌。

💙小叮嚀　低脂鮮奶倒入鹼水後請勿過度攪拌，避免蛋白質因為遇到鹼水升溫導致結塊。

03
打　皂

鹼液倒入油鍋之後，使用打蛋器快速攪拌約5~10分鐘，再配合打蛋器或手持式電動攪拌器打皂，將皂液攪拌至light trace。加入精油攪拌均勻後，觀察皂液呈現有阻力並且表面有微微的痕跡，就能開始準備調色。

💙小叮嚀　使用機打前可提早將精油倒入並且先攪拌均勻。使用機打中途要配合刮刀輕輕攪拌，才能讓皂液更均勻混合。

04 調 色

將皂液分為3杯來調色：

- 第1杯倒入200g皂液
  加入½匙黃綠色雲母粉
- 第2杯倒入200g皂液
  加入½匙翠綠色雲母粉
- 第3杯倒入250g皂液
  加入2平匙二氧化鈦粉

💜小叮嚀　油溶性二氧化鈦粉可以使用精油先行調開後，再加入皂液
均勻混合。

05 操 作

A.將皂液分別倒入模型中。（倒入調色皂液時，手勢由高至低、流
量由大至小，將皂液隨意分佈在模型中）

B. 使用小刮刀從模型四個邊往內翻，再將皂液輕輕敲平。

C. 使用小刮刀左右來回畫，可自由調整間隔。

06 保　溫　有添加乳製品的皂液不用保溫，蓋上木盒或保鮮膜即可。若濕度太高或皂化溫度太高，入模後容易產生水珠，此屬於正常情況，可用餐巾紙擦拭。

07
脫　模

脫模時間約3天，依皂體乾燥程度斟酌調整脫模時間。脫模時如發生黏模，建議可先冷凍約30分鐘後再進行脫模。脫模後若有水珠為正常情況，讓皂體自然乾燥即可。

08
切　皂

脫模後等皂體表面乾燥不黏手，才可以開始進行切皂。

09
修　皂

切皂後約3~7天，可以利用修皂器將表面修掉，就能呈現漂亮的渲染線條。

10
晾　皂

晾皂約45天後，就能開始進行包裝。

甜杏仁保濕皂

第8款 技法：隨意渲

　　這一款隨意渲所創作出來的手工皂，能體驗到線條的弧度美。新手練習時，如果不擅長使用刮刀，也能試著用溫度計來畫出線條。只需要左右的來回畫U字型，就能畫出細如髮絲的線條感。

　　刮刀跟溫度計最大的差異，就是線條流暢度看起來略有不同。刮刀能呈現較自然的感覺，溫度計則容易呈現較單一的線條。但其實兩者各有特色，不妨都練習試試看，找出屬於你的風格，創造你自己獨一無二的美感。

材料

油脂			
	椰子油	160	20%
	棕櫚油	240	30%
	酪梨油	80	10%
	甜杏仁油	240	30%
	芥花油	80	10%
	油量	800g	
	INS	140	

精油		
	玫瑰天竺葵	10ml
	佛手柑精油	6ml

添加物		
	石榴紅色粉	½匙
	粉紅色雲母粉	1匙
	白色雲母粉	3匙

鹼液		
	氫氧化鈉	117g
	水量	200g
	低脂鮮奶	70g

示範模具／24×18×6cm

使用工具／溫度計

01
融　油

將配方中的油脂全部秤量混合之後，加熱至35~40度，油脂必須呈現透明狀態，若加熱溫度太高，請降溫後才開始使用。

　💜小叮嚀　冬天氣溫低時，椰子油、棕櫚油會凝固，可採取作法A：提前泡溫水讓油脂溶化後再取出使用；或者作法B：提前裝在容器中保存，再挖取使用。

02
溶　鹼

將氫氧化鈉分批倒入用純水製成的冰塊或純水中，攪拌至氫氧化鈉完全溶解。待鹼水降溫至30度以下，再將低脂鮮奶慢慢倒入鹼水中混合。最後將鹼液倒入油鍋中開始攪拌。

　💜小叮嚀　低脂鮮奶倒入鹼水後請勿過度攪拌，避免蛋白質因為遇到鹼水升溫導致結塊。

03
打　皂

鹼液倒入油鍋之後，使用打蛋器快速攪拌約5~10分鐘，再配合打蛋器或手持式電動攪拌器打皂，將皂液攪拌至light trace。加入精油攪拌均勻後，觀察皂液呈現有阻力並且表面有微微的痕跡，就能開始準備調色。

　💜小叮嚀　使用機打前可提早將精油倒入並且先攪拌均勻。使用機打中途要配合刮刀輕輕攪拌，才能讓皂液更均勻混合。

04 調　色

將皂液分為2杯來調色：

- 第1杯倒入250g皂液
  加入½匙石榴紅色粉
- 第2杯倒入150g皂液
  加入3匙白色雲母粉

💜小叮嚀　石榴紅色粉請先用少許
　精油調開，再加入皂液混合。

05 操　作

A.取出少許皂液加入粉紅色雲母粉調均勻，再倒回去主鍋混合，讓主
　鍋呈現粉紅色後，倒入模型中。

B.在模型中倒入紅、白、紅3條皂液。（倒入皂液時，手勢由高至低、
　流量由大至小，來回倒在同一條直線上）

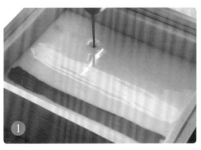

C.使用溫度計左右來回畫出橫向線條。

D.再使用溫度計隨意畫幾筆結束。

💜小叮嚀　操作步驟C溫度計亦能換成刮刀操作，會有不同的線條感。刮
　　　刀及溫度計間隔能自由調整，沒有限制。玫瑰天竺葵精油各家濃度不
　　　同，請先行確認是否會加速皂化，如會加速皂化請更換精油，避免調色
　　　速度來不及。

06
保　溫

有添加乳製品的皂液不用保溫，蓋上木盒或保鮮膜即可。若濕度太
高或皂化溫度太高，入模後容易產生水珠，此屬於正常情況，可用
餐巾紙擦拭。

07
脫　模

脫模時間約3天，依皂體乾燥程度斟酌調整脫模時間。脫模時如發
生黏模，建議可先冷凍約30分鐘後再進行脫模。脫模後若有水珠為
正常情況，讓皂體自然乾燥即可。

08 切　皂

脫模後等皂體表面乾燥不黏手，才可以開始進行切皂。

09 修　皂

切皂後約3~7天，可以利用修皂器將表面修掉，就能呈現漂亮的渲染線條。

10 晾　皂

晾皂約45天後，就能開始進行包裝。

開心舒緩沐浴皂

第9款 技法：圓型渲

　　看似宇宙星軌的線條，製作彈性相當大，在配色上可以使用2~3色就已經足夠，不建議選擇過多的顏色，以免操作來不及造成皂液太過濃稠，線條無法突顯出明顯的層次感。在模型的選擇上，不論渲染模或者土司模甚至是單穴模型，都能夠練習此技法。操作的時間會因為模型大小而有所差異，然而利用不同的切面也能呈現不同的線條感。圓圈數量可以自由調整，單顆或多顆都可以。

材料

油脂			
	椰子油	200	25%
	棕櫚油	240	30%
	葡萄籽油	80	10%
	開心果油	160	20%
	甜杏仁油	120	15%
	油量	800g	
	INS	148	

精油		
	檜木精油	4ml
	尤加利精油	2ml
	薰衣草精油	10ml

添加物		
	咖啡金雲母粉	1匙
	玫瑰紅雲母粉	½匙
	二氧化鈦粉	2½匙

鹼液		
	氫氧化鈉	119g
	水量	200g
	低脂鮮奶	70g

示範模具／ 27×15.5×4.5cm
使用工具／量杯

01
融 油

將配方中的油脂全部秤量混合之後，加熱至35~40度，油脂必須呈現透明狀態，若加熱溫度太高，請降溫後才開始使用。

💜小叮嚀　冬天氣溫低時，椰子油、棕櫚油會凝固，可採取作法A：提前泡溫水讓油脂溶化後再取出使用；或者作法B：提前裝在容器中保存，再挖取使用。

02
溶 鹼

將氫氧化鈉分批倒入用純水製成的冰塊或純水中，攪拌至氫氧化鈉完全溶解。待鹼水降溫至30度以下，再將低脂鮮奶慢慢倒入鹼水中混合。最後將鹼液倒入油鍋中開始攪拌。

💜小叮嚀　低脂鮮奶倒入鹼水後請勿過度攪拌，避免蛋白質因為遇到鹼水升溫導致結塊。

03
打 皂

鹼液倒入油鍋之後，使用打蛋器快速攪拌約5~10分鐘，再配合打蛋器或手持式電動攪拌器打皂，將皂液攪拌至light trace。加入精油攪拌均勻後，觀察皂液呈現有阻力並且表面有微微的痕跡，就能開始準備調色。

💜小叮嚀　使用機打前可提早將精油倒入並且先攪拌均勻。使用機打中途要配合刮刀輕輕攪拌，才能讓皂液更均勻混合。

04 ⋁
調 色

將皂液分為3杯來調色：

- 第1杯倒入350g皂液
  加入1匙咖啡金雲母粉
- 第2杯倒入350g皂液
  加入½匙玫瑰紅雲母粉
- 第3杯倒入500g皂液
  加入2½匙二氧化鈦粉

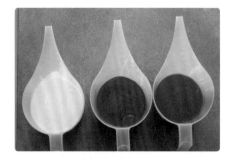

❤小叮嚀 油溶性二氧化鈦粉可以使用精油先行調開，再加入皂液均
勻混合。

05 ✓
操　作

A.將皂液依序倒入量杯中，使皂液呈現圓型，或者隨意倒入量杯中皆
可。

B.定點倒入皂液不要移動，就能呈現如星軌一層一層的效果。

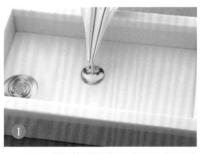 

C. 一直重覆定點倒入皂液，直到皂液用完為止。

♥小叮嚀　定點倒入圓型皂液時，要注意量杯的高度，杯口離皂液高度約3cm~5cm即可；不宜過高，避免皂液糊掉。

06
保　溫

有添加乳製品的皂液不用保溫，蓋上木盒或保鮮膜即可。若濕度太高或皂化溫度太高，入模後容易產生水珠，此屬於正常情況，可用餐巾紙擦拭。

07
脫　模

脫模時間約3天，依皂體乾燥程度斟酌調整脫模時間。脫模時如發生黏模，建議可先冷凍約30分鐘後再進行脫模。脫模後若有水珠為正常情況，讓皂體自然乾燥即可。

08
切　皂

脫模後等皂體表面乾燥不黏手，才可以開始進行切皂。

09
修　　皂　　切皂後約3~7天，可以利用修皂器將表面修掉，就能呈現漂亮的渲
　　　　　　　染線條。

10
晾　　皂　　晾皂約45天後，就能開始進行包裝。

小麥胚芽清爽皂

　　這是一款相當簡單的渲染皂，即使是新手成功率也很高，可以盡情地選擇你喜歡的顏色來搭配，創造出繽紛的顏色。

　　在直線的技法中，可以利用混杯倒法，就能倒出非常多細緻的直線。而這款的技法重點在於觀察力及配色；當皂液倒入杯中時，倒出來的顏色分佈就是要觀察的重點，並不是倒光就可以，且皂液不能夠太稀。模具選擇上以淺模為主，土司模切出來會有不同的效果。如果使用有木盒的渲染模，建議可將木盒取出，避免木盒高度太高，影響倒皂液的角度。畫線條的工具可以使用竹籤，線條較不容易受擠壓。倘若倒完皂液覺得線條造型已經很喜歡，也可以就此結束，不需再畫線，享受自然的線條美感。

材料

油脂				添加物		
油	椰子油	160	20%	添	咖啡金雲母粉	½匙
	棕櫚油	240	30%		紫色雲母粉	½匙
	酪梨油	240	30%		淺綠色雲母粉	⅓匙
脂	小麥胚芽油	160	20%	加	亮黃色雲母粉	⅓匙
	油量	800g			紅色雲母粉	½匙
	INS	136			黃綠色雲母粉	⅓匙
精	迷迭香精油	4ml		物	二氧化鈦粉	2平匙
	雪松精油	10ml				
油	薰衣草精油	2ml		鹼	氫氧化鈉	117g
					水量	200g
				液	低脂鮮奶	70g

示範模具／24×18×6cm

使用工具／竹籤

01
融　油

將配方中的油脂全部秤量混合之後，加熱至35~40度，油脂必須呈現透明狀態，若加熱溫度太高，請降溫後才開始使用。

♥小叮嚀　冬天氣溫低時，椰子油、棕櫚油會凝固，可採取作法A：提前泡溫水讓油脂溶化後再取出使用；或者作法B：提前裝在容器中保存，再挖取使用。

02
溶　鹼

將氫氧化鈉分批倒入用純水製成的冰塊或純水中，攪拌至氫氧化鈉完全溶解。待鹼水降溫至30度以下，再將低脂鮮奶慢慢倒入鹼水中混合。最後將鹼液倒入油鍋中開始攪拌。

♥小叮嚀　低脂鮮奶倒入鹼水後請勿過度攪拌，避免蛋白質因為遇到鹼水升溫導致結塊。

03
打　皂

鹼液倒入油鍋之後，使用打蛋器快速攪拌約5~10分鐘，再配合打蛋器或手持式電動攪拌器打皂，將皂液攪拌至light trace。加入精油攪拌均勻後，觀察皂液呈現有阻力並且表面有微微的痕跡，就能開始準備調色。

♥小叮嚀　使用機打前可提早將精油倒入並且先攪拌均勻。使用機打中途要配合刮刀輕輕攪拌，才能讓皂液更均勻混合。

04
調　色

將皂液分為7杯來調色：
・第1杯倒入80g皂液
　加入½匙咖啡金雲母粉
・第2杯倒入80g皂液
　加入½匙紫色雲母粉
・第3杯倒入80g皂液
　加入⅓匙淺綠色雲母粉

- 第4杯倒入80g皂液，加入⅓匙亮黃色雲母粉
- 第5杯倒入80g皂液，加入½匙紅色雲母粉
- 第6杯倒入80g皂液，加入⅓匙黃綠色雲母粉
- 第7杯倒入250g皂液，加入2平匙二氧化鈦粉

💜**小叮嚀** 油溶性二氧化鈦粉可以加入少許精油先行調開後，再加入皂液均勻混合。

05 操 作

A. 模型下方墊一片板子，側邊墊一塊抹布，呈現斜角。
B. 用餐巾紙沾少許皂液，擦拭模型邊緣，倒皂液時會更加滑順。
C. 加入1~2大匙原色皂液至杯中（1大匙皂液約50g），再將皂液沿著量杯把柄邊倒入，並依序換顏色。
D. 將皂液沿著模型邊，來回將皂液倒入模型中，並且要觀察線條及流量。

E. 重覆此動作直到皂液使用完畢。

F. 使用竹籤由模具最上方往下畫直線。抽起竹籤擦乾淨再重覆此動
　作。每條線間隔約1公分。

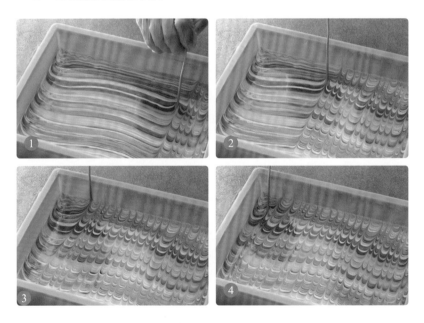

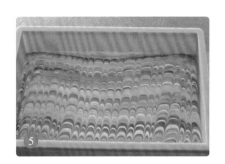

💜小叮嚀　顏色部分可以依個人喜好選擇，2~4色都可以操作，顏色也能混杯隨意倒入量杯中。

06 保　溫

有添加乳製品的皂液不用保溫，蓋上木盒或保鮮膜即可。

07 脫　模

脫模時間約3天，依皂體乾燥程度斟酌調整脫模時間。脫模時如發生黏模，建議可先冷凍約30分鐘後再進行脫模。脫模後若有水珠為正常情況，讓皂體自然乾燥即可。

08 切　皂

脫模後等皂體表面乾燥不黏手，才可以開始進行切皂。

09 修　皂

切皂後約3~7天，可以利用修皂器將表面修掉，就能呈現漂亮的渲染線條。

10 晾　皂

晾皂約45天後，就能開始進行包裝。

仿真木紋皂

　　木紋皂給人的感覺相當樸實自然，利用流動的技法方式呈現出直線的感覺。在模型的選擇上，建議使用淺模會比較好操作，使用土司模會有不一樣的效果。在木紋的配色上，可以自由混搭可可粉、薑黃粉、備長炭粉、紅礦泥粉、茜草根粉、二氧化鈦粉，這些粉類都能夠呈現出大地色感。若想要呈現較為偏紅的咖啡色，可以在可可粉的皂液內再添加一點紅礦泥粉，這樣一來色澤上就能夠更為明亮。若想要調出偏深色的咖啡色，建議在可可皂液裡再添加一點備長炭粉，能讓作品顯得沉穩。

　　在配色應用上，新手可以先練習單色或者雙色，就能表現出木頭自然的感覺。單獨使用可可粉，也可以表現單色的木紋感。整體配色建議不要超過4色，避免過多的顏色造成視覺上呈現混濁。

　　未脫模前，可可粉因跟空氣接觸容易產生霧化現象，或皂化溫度過高出現咖啡色水珠，這種現象不用太擔心，只要使用修皂器，修除霧面的部分就能呈現出漂亮的顏色。在可可粉的選擇上，建議使用防潮可可粉，可以降低出水率。

材料

油脂			
椰子油	160	20%	
棕櫚油	240	30%	
榛果油	240	30%	
杏桃核仁油	160	20%	
油量	800g		
INS	142		

添加物		
可可粉	4匙	
備長炭粉	1匙	
紅礦泥粉	¼匙	
二氧化鈦粉	1平匙	

精油		
檜木精油	6ml
廣藿香精油	6ml
薄荷精油	4ml

鹼液		
氫氧化鈉	117g
水量	200g
低脂鮮奶	70g

示範模具／27×15.5×4.5cm

使用工具／竹籤

01

融　油

將配方中的油脂全部秤量混合之後，加熱至35~40度，油脂必須呈現透明狀態，若加熱溫度太高，請降溫後才開始使用。

♥小叮嚀　冬天氣溫低時，椰子油、棕櫚油會凝固，可採取作法A：提前泡溫水讓油脂溶化後再取出使用；或者作法B：提前裝在容器中保存，再挖取使用。

02

溶　鹼

將氫氧化鈉分批倒入用純水製成的冰塊或純水中，攪拌至氫氧化鈉完全溶解。待鹼水降溫至30度以下，再將低脂鮮奶慢慢倒入鹼水中混合。最後將鹼液倒入油鍋中開始攪拌。

♥小叮嚀　低脂鮮奶倒入鹼水後請勿過度攪拌，避免蛋白質因為遇到鹼水升溫導致結塊。

03

打　皂

鹼液倒入油鍋之後，使用打蛋器快速攪拌約5~10分鐘，再配合打蛋器或手持式電動攪拌器打皂，將皂液攪拌至light trace。加入精油攪拌均勻後，觀察皂液呈現有阻力並且表面有微微的痕跡，就能開始準備調色。

♥小叮嚀　使用機打前可提早將精油倒入並且先攪拌均勻。使用機打中途要配合刮刀輕輕攪拌，才能讓皂液更均勻混合。

調　色

將皂液分為4杯來調色：

- 第1杯倒入50g皂液，加入¼匙紅礦泥粉
- 第2杯倒入50g皂液，加入1匙備長炭粉
- 第3杯倒入200g皂液，加入4匙可可粉
- 第4杯倒入100g皂液，加入1平匙二氧化鈦粉

💙 小叮嚀　油溶性二氧化鈦粉可以加入少許精油先行調開後，再加入皂液均勻混合。

05

操　作

A. 模型下方墊一片板子，側邊墊一塊抹布，呈現斜角。倒皂液方向為低角度。

B. 用餐巾紙沾少許皂液，擦拭模型邊緣，倒皂液時會更加滑順。

C. 準備一個乾淨紙杯，加入1~2大匙原色皂液（1大匙皂液約50g），再將有色皂液倒入杯子中。有色皂液倒在紙杯中時，可以採隨意或直線倒入皆可，顏色依個人喜好調整。

D. 將皂液沿著模型邊，來回將皂液倒入模型中，並且要觀察線條及流量。

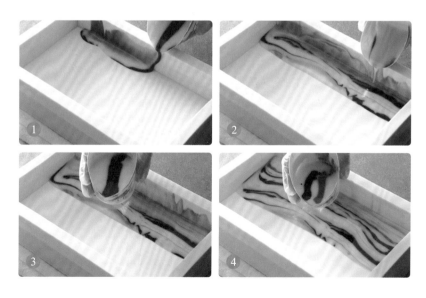

E. 重覆此動作直到皂液使用完畢。

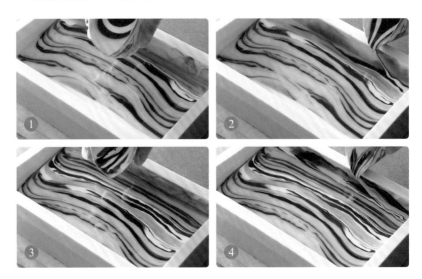

F. 再拿竹籤或溫度計來回畫U呈現木紋的不規則紋路。

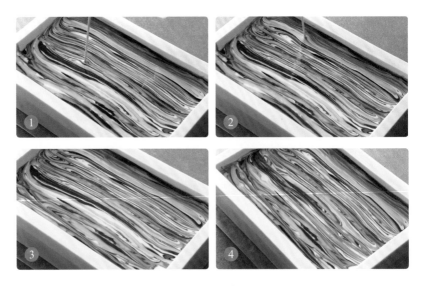

♥小叮嚀　皂液不要太稀，避免線條糊掉。

| 06 保 溫 | 有添加乳製品的皂液不用保溫，蓋上木盒或保鮮膜即可。 |

| 07 脫 模 | 脫模時間約3天，依皂體乾燥程度斟酌調整脫模時間。脫模時如發生黏模，建議可先冷凍約30分鐘後再進行脫模。脫模後若有水珠為正常情況，讓皂體自然乾燥即可。 |

| 08 切 皂 | 脫模後等皂體表面乾燥不黏手，才可以開始進行切皂。 |

| 09 修 皂 | 切皂後約3~7天，可以利用修皂器將表面修掉，就能呈現漂亮的渲染線條。 |

| 10 晾 皂 | 晾皂約45天後，就能開始進行包裝。 |

甜杏榛果
保濕皂

　　這款甜杏榛果保濕皂的配方中含有40%甜杏仁油，起泡力相當好，內含豐富油酸及亞油酸，能為肌膚帶來不錯的保濕及清爽度，適合中性膚質及敏感性肌膚使用。

　　在渲染的技法上，以基本款葉子畫法延伸，加上隨意的線條勾勒，形成更豐富的不規則視覺，讓美麗的葉子又增添了一些創意趣味。在配色上，選擇一深一淺的綠色來創作，就能表達出漸層綠色的感覺，相當有春天氣息。

材料

油脂				鹼液		
	椰子油	160	20%		氫氧化鈉	117g
	棕櫚油	200	25%		水量	200g
	榛果油	80	10%		低脂鮮奶	70g
	甜杏仁油	320	40%			
	米糠油	40	5%			
	油量	800g				
	INS	140				

示範模具／ 24×18×6cm
使用工具／刮刀、溫度計

精油		
	薰衣草精油	6ml
	茶樹精油	6ml
	肉桂精油	2ml
	羅勒精油	2ml

添加物		
	黃綠色雲母粉	⅓匙
	綠翠色雲母粉	⅓匙
	二氧化鈦粉	1平匙

01
融 油

將配方中的油脂全部秤量混合之後,加熱至35~40度,油脂必須呈現透明狀態,若加熱溫度太高,請降溫後才開始使用。

❤小叮嚀　冬天氣溫低時,椰子油、棕櫚油會凝固,可採取作法A:提前泡溫水讓油脂溶化後再取出使用;或者作法B:提前裝在容器中保存,再挖取使用。

02
溶 鹼

將氫氧化鈉分批倒入用純水製成的冰塊或純水中,攪拌至氫氧化鈉完全溶解。待鹼水降溫至30度以下,再將低脂鮮奶慢慢倒入鹼水中混合。最後將鹼液倒入油鍋中開始攪拌。

❤小叮嚀　低脂鮮奶倒入鹼水後請勿過度攪拌,避免蛋白質因為遇到鹼水升溫導致結塊。

03
打 皂

鹼液倒入油鍋之後,使用打蛋器快速攪拌約5~10分鐘,再配合打蛋器或手持式電動攪拌器打皂,將皂液攪拌至light trace。加入精油攪拌均勻後,觀察皂液呈現有阻力並且表面有微微的痕跡,就能開始準備調色。

❤小叮嚀　使用機打前可提早將精油倒入並且先攪拌均勻。使用機打中途要配合刮刀輕輕攪拌,才讓皂液更均勻混合。

04
調 色

將皂液分為3杯來調色:
· 第1杯倒入150g皂液
　加入⅓匙黃綠色雲母粉
· 第2杯倒入150g皂液
　加入⅓匙翠綠色雲母粉
· 第3杯倒入150g皂液
　加入1平匙二氧化鈦粉

♥小叮嚀　油溶性二氧化鈦粉可以加入少許精油先行調開後，再加入
　　　　皂液均勻混合。

05
操　作

A.將皂液分別倒入模型中。（倒入調色皂液時，手勢由高至低、流量
　由大至小，來回倒在同一條直線上）

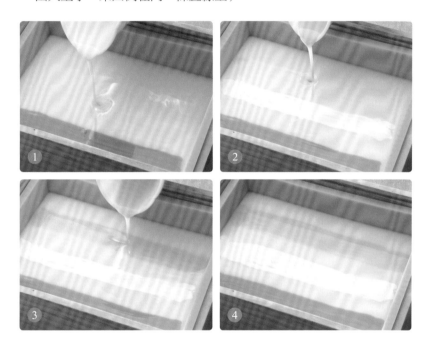

B.使用小刮刀左右來回畫出橫向
　線條。

C. 使用溫度計畫出直向U線條，寬度間隔可以自由調整。

D. 最後使用溫度計隨意畫上幾筆就結束。

💜小叮嚀　溫度計只需要隨意畫幾筆，避免線條糊掉。

06	
保　溫	有添加乳製品的皂液不用保溫，蓋上木盒或保鮮膜即可。若濕度太高或皂化溫度太高，入模後容易產生水珠，此屬於正常情況，可用餐巾紙擦拭。

07	
脫　模	脫模時間約3天，依皂體乾燥程度斟酌調整脫模時間。脫模時如發生黏模，建議可先冷凍約30分鐘後再進行脫模。脫模後若有水珠為正常情況，讓皂體自然乾燥即可。

08	
切　皂	脫模後等皂體表面乾燥不黏手，才可以開始進行切皂。

09	
修　皂	切皂後約3~7天，可以利用修皂器將表面修掉，就能呈現漂亮的渲染線條。

10	
晾　皂	晾皂約45天後，就能開始進行包裝。

玫瑰花園保濕皂 第13款 技法：圓型渲

　　圓型技法渲染也可以這樣玩，只要將皂液倒入杯子裡，再以繞圈的方式倒入模型中就可以完成。可以倒入單顆或多顆圓圈，會有不同效果。但注意皂液的濃度不可以太稀，避免皂液入模時就糊掉了。

　　若想要創造出玫瑰花的效果，可以採用綠色、黃色、白色、紅色這幾種清新的顏色來搭配，就能開出一朵朵顏色嬌艷美麗的玫瑰。另外要重點提醒的是，這款渲染皂製作的時間非常長，因為美麗的花朵必須一朵一朵堆疊，才能有綻放的美，製作上需要多點耐心。

材料

油脂				鹼液		
油	椰子油	160	20%	鹼	氫氧化鈉	117g
	棕櫚油	240	30%		水量	200g
	榛果油	240	30%	液	低脂鮮奶	70g
	甜杏仁油	80	10%			
	橄欖油	80	10%			
脂	油量	800g				
	INS	144				

示範模具／27×15.5×4.5cm
使用工具／紙杯

精油		
精	薰衣草精油	10ml
油	佛手柑精油	4ml
	玫瑰天竺葵	2ml

添加物		
添	紅色雲母粉	1匙
加	綠色雲母粉	⅓匙
	黃色雲母粉	½匙
物	二氧化鈦粉	2平匙

01 融油

將配方中的油脂全部秤量混合之後，加熱至35~40度，油脂必須呈現透明狀態，若加熱溫度太高，請降溫後才開始使用。

♥小叮嚀　冬天氣溫低時，椰子油、棕櫚油會凝固，可採取作法A：提前泡溫水讓油脂溶化後再取出使用；或者作法B：提前裝在容器中保存，再挖取使用。

02 溶鹼

將氫氧化鈉分批倒入用純水製成的冰塊或純水中，攪拌至氫氧化鈉完全溶解。待鹼水降溫至30度以下，再將低脂鮮奶慢慢倒入鹼水中混合。最後將鹼液倒入油鍋中開始攪拌。

♥小叮嚀　低脂鮮奶倒入鹼水後請勿過度攪拌，避免蛋白質因為遇到鹼水升溫導致結塊。

03 打皂

鹼液倒入油鍋之後，使用打蛋器快速攪拌約5~10分鐘，再配合打蛋器或手持式電動攪拌器打皂，將皂液攪拌至light trace。加入精油攪拌均勻後，觀察皂液呈現有阻力並且表面有微微的痕跡，就能開始準備調色。

♥小叮嚀　使用機打前可提早將精油倒入並且先攪拌均勻。使用機打中途要配合刮刀輕輕攪拌，才能讓皂液更均勻混合。

04 調色

將皂液分為4杯來調色：
・第1杯倒入100g皂液加入1匙紅色雲母粉
・第2杯倒入100g皂液加入⅓匙綠色雲母粉
・第3杯倒入100g皂液加入½匙黃色雲母粉

・第4杯倒入300g皂液，加入2平匙二氧化鈦粉

💜小叮嚀　油溶性二氧化鈦粉可以加入少許精油先行調開後，再加入
　　　皂液均勻混合。

A.將剩餘原色皂液倒入渲染盤內，再將綠色皂液隨意來回倒入。最
　後使用刮刀立面左右刮出線條。

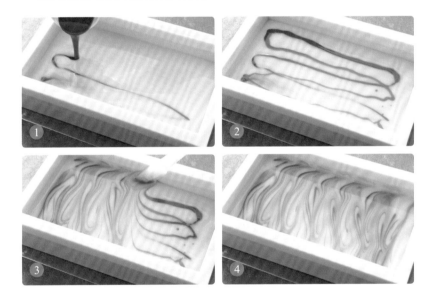

B.準備乾淨紙杯，將白色皂液加入1大匙至杯中，再將紅色皂液以直
　線方式倒入杯中，盡量倒粗一點。黃色皂液依照上述方法操作。

C.將杯口捏尖，以繞圈方式將白＋紅、白＋黃皂液倒入模型裡就可以
　完成。

D.重覆此動作直到皂液使用完畢。

♥小叮嚀　紙杯建議選擇尺寸小的杯子，並且兩種顏色分開使用不同紙
杯，避免顏色互相混色。

06
保　溫

有添加乳製品的皂液不用保溫，蓋上木盒或保鮮膜即可。若濕度太
高或皂化溫度太高，入模後容易產生水珠，此屬於正常情況，可用
餐巾紙擦拭。

07
脫　模

脫模時間約3天，依皂體乾燥程度斟酌調整脫模時間。脫模時如發
生黏模，建議可先冷凍約30分鐘後再進行脫模。脫模後若有水珠為
正常情況，讓皂體自然乾燥即可。

08
切　皂

脫模後等皂體表面乾燥不黏手，才可以開始進行切皂。

09
修　皂

切皂後約3~7天，可以利用修皂器將表面修掉，就能呈現漂亮的渲染線條。

10
晾　皂

晾皂約45天後，就能開始進行包裝。

橄欖美肌緊緻皂

第14款 技法：濃T渲

　　即使皂液太濃了也不用太擔心，有時候不妨大膽地放手去玩，濃稠皂液也可以玩出讓人驚嘆的美麗作品！只要將皂液隨意倒入，讓線條自然呈現不規則的圖形，切開後就會有想像不到的驚喜。

　　將皂液倒入模型時，需放慢速度慢慢拉長距離，提高成功率之外，在製作過程中觀察皂液的變化，也是做皂時一門很重要的學問。這款渲染技法的重點在於皂液夠濃稠才能夠表現出特色，皂液也能依個人顏色喜好，依序倒入杯中，創造出豐富的色彩變化。

材料

油脂				鹼液		
椰子油	160	20%		氫氧化鈉	117g	
棕櫚油	240	30%		水量	200g	
橄欖油	240	30%		低脂鮮奶	70g	
甜杏仁油	80	10%				
開心果油	80	10%				
油量	800g					
INS	147					

示範模具／ 24×18×6cm

使用工具／量杯

精油		
薰衣草精油	6ml	
薄荷精油	6ml	
迷迭香精油	4ml	

添加物		
青椒綠色粉	½匙	
可可粉	4匙	
二氧化鈦粉	2½匙	

01
融　油

將配方中的油脂全部秤量混合之後，加熱至35~40度，油脂必須呈現透明狀態，若加熱溫度太高，請降溫後才開始使用。

💜小叮嚀　冬天氣溫低時，椰子油、棕櫚油會凝固，可採取作法A：提前泡溫水讓油脂溶化後再取出使用；或者作法B：提前裝在容器中保存，再挖取使用。

02
溶　鹼

將氫氧化鈉分批倒入用純水製成的冰塊或純水中，攪拌至氫氧化鈉完全溶解。待鹼水降溫至30度以下，再將低脂鮮奶慢慢倒入鹼水中混合。最後將鹼液倒入油鍋中開始攪拌。

💜小叮嚀　低脂鮮奶倒入鹼水後請勿過度攪拌，避免蛋白質因為遇到鹼水升溫導致結塊。

03
打　皂

鹼液倒入油鍋之後，使用打蛋器快速攪拌約5~10分鐘，再配合打蛋器或手持式電動攪拌器打皂，將皂液攪拌至light trace。加入精油攪拌均勻後，觀察皂液呈現有阻力並且表面有微微的痕跡，就能開始準備調色。

💜小叮嚀　使用機打前可提早將精油倒入並且先攪拌均勻。使用機打中途要配合刮刀輕輕攪拌，才能讓皂液更均勻混合。

04
調　色

將皂液分為3杯來調色：

・第1杯倒入200g皂液
　加入½匙青椒綠色粉
・第2杯倒入300g皂液
　加入4匙可可粉
・第3杯倒入700g皂液
　加入2½匙二氧化鈦粉

♥小叮嚀　油溶性二氧化鈦粉及青椒綠色粉可以加入少許精油先行
調開後，再加入皂液均勻混合。

05
操　作

A.準備乾淨的量杯，將皂液沿
著杯子邊緣輪流倒入。

B.隨意地以拉直線的方式慢慢倒入，可隨意更換方向。

C.重覆此動作直到皂液操作結束。

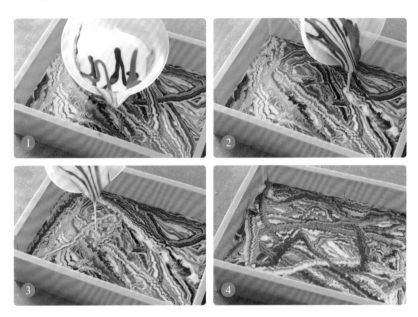

💜小叮嚀　皂液夠濃稠成功率才會高，如果皂液太稀可以先靜置一會兒
　　　　再操作。在倒直線時，速度一定要非常慢，才會形成不規則線條，若速
　　　　度太快容易導致線條糊掉。皂液的配色也可隨自己的喜好自由搭配。

06　　有添加乳製品的皂液不用保溫，蓋上木盒或保鮮膜即可。若濕度太
保　溫　高或皂化溫度太高，入模後容易產生水珠，此屬於正常情況，可用
　　　　餐巾紙擦拭。

07　　脫模時間約3天，依皂體乾燥程度斟酌調整脫模時間。脫模時如發
脫　模　生黏模，建議可先冷凍約30分鐘後再進行脫模。脫模後若有水珠為
　　　　正常情況，讓皂體自然乾燥即可。

08 切　皂	脫模後等皂體表面乾燥不黏手，才可以開始進行切皂。
09 修　皂	切皂後約3~7天，可以利用修皂器將表面修掉，就能呈現漂亮的渲染線條。
10 晾　皂	晾皂約45天後，就能開始進行包裝。

杏桃核仁全效皂

渲染的最高境界，就是沒有框架規則，完全可以隨著自己的喜好，勾勒線條或者畫上幾筆。成皂後，每一塊都有屬於自己的風格，每一款都能欣賞到不同的美，獨一無二，無法複製。

唯一要注意的是，在畫線條時建議不要複雜，渲染拉花並不是拉得愈密就愈漂亮，尤其若選用黑色作為配色，更不適合過度複雜的線條，容易呈現髒色，建議選擇清爽一點的顏色。若是新手練習，建議從兩種顏色開始搭配，較不容易出錯，又能呈現乾淨漂亮的線條。

材料

油脂			
油	椰子油	160	20%
	棕櫚油	240	30%
	橄欖油	80	10%
脂	杏桃核仁油	320	40%
	油量	800g	
	INS	142	
精油	薰衣草精油	10ml	
	山雞椒精油	3ml	
油	芳樟精油	3ml	
添加物	紅色雲母粉	1½匙	
	二氧化鈦粉	1平匙	

鹼液		
鹼	氫氧化鈉	117g
液	水量	200g
	低脂鮮奶	70g

示範模具／24×18×6cm

使用工具／刮刀、溫度計

01
融　油

將配方中的油脂全部秤量混合之後，加熱至35~40度，油脂必須呈現透明狀態，若加熱溫度太高，請降溫後才開始使用。

♥小叮嚀　冬天氣溫低時，椰子油、棕櫚油會凝固，可採取作法A：提前泡溫水讓油脂溶化後再取出使用；或者作法B：提前裝在容器中保存，再挖取使用。

02
溶　鹼

將氫氧化鈉分批倒入用純水製成的冰塊或純水中，攪拌至氫氧化鈉完全溶解。待鹼水降溫至30度以下，再將低脂鮮奶慢慢倒入鹼水中混合。最後將鹼液倒入油鍋中開始攪拌。

♥小叮嚀　低脂鮮奶倒入鹼水後請勿過度攪拌，避免蛋白質因為遇到鹼水升溫導致結塊。

03
打　皂

鹼液倒入油鍋之後，使用打蛋器快速攪拌約5~10分鐘，再配合打蛋器或手持式電動攪拌器打皂，將皂液攪拌至light trace。加入精油攪拌均勻後，觀察皂液呈現有阻力並且表面有微微的痕跡，就能開始準備調色。

♥小叮嚀　使用機打前可提早將精油倒入並且先攪拌均勻。使用機打中途要配合刮刀輕輕攪拌，才能讓皂液更均勻混合。

04
調　色

將皂液分為2杯來調色：
- 第1杯倒入300g皂液
  加入1½匙紅色雲母粉
- 第2杯倒入150g皂液
  加入1平匙二氧化鈦粉

♥小叮嚀　油溶性二氧化鈦粉可以加入少許精油先行調開後，再加入皂液均勻混合。

05

操　作

A.將皂液分別倒入模型中。（倒入調色皂液時，手勢由高至低、流量由大至小，來回倒在同一條直線上）

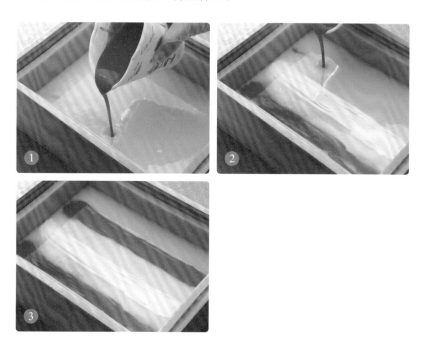

B.使用刮刀左右來回畫出橫向線條。

C.使用溫度計隨意畫上幾筆，產生不同的線條感就完成。

♥小叮嚀 畫線條的時候，盡量不要在同一個區塊重覆畫，否則線條很容易會糊掉。

06
保　溫　　有添加乳製品的皂液不用保溫，蓋上木盒或保鮮膜即可。

| 07 | 脫　模 | 脫模時間約3天，依皂體乾燥程度斟酌調整脫模時間。脫模時如發生黏模，建議可先冷凍約30分鐘後再進行脫模。脫模後若有水珠為正常情況，讓皂體自然乾燥即可。 |

| 08 | 切　皂 | 脫模後等皂體表面乾燥不黏手，才可以開始進行切皂。 |

| 09 | 修　皂 | 切皂後約3~7天，可以利用修皂器將表面白粉修掉，就能呈現漂亮的渲染線條。 |

| 10 | 晾　皂 | 晾皂約45天後，就能開始進行包裝。 |

花朵綠意保濕皂 第16款 技法：圓型渲

　　在渲染中，綠色是最容易表現出柔美氣息的色澤，尤其春夏季節做皂，更能感受到春天的清新氣味。充滿朝氣的綠色大地色，給人心曠神怡的感覺，但綠色也有很多種選擇，不妨利用深淺色差，以及簡單的圓型技法變化，來創造出豐富好看的圖案。

　　此款配方對肌膚清爽無負擔。除了配方中的甜杏仁油具有很好的保濕效果之外，葡萄籽油對肌膚也有良好效益，刺激細胞分裂與組織再生功能，可減少皺紋、延緩衰老。而雪松精油則具有收斂、抗菌效果，能改善面皰和粉刺皮膚，相當適合油性肌膚使用。

材料

油脂			
油脂	椰子油	160	20%
	棕櫚油	240	30%
	甜杏仁油	240	30%
	芝麻油	80	10%
	葡萄籽油	80	10%
	油量	800g	
	INS	139	
精油	雪松精油	7ml	
	薰衣草精油	7ml	
	羅勒精油	2ml	
添加物	翠綠色雲母粉	¼匙	
	月桂綠雲母粉	⅓匙	
	黃綠色雲母粉	⅔匙	
	二氧化鈦粉	2平匙	

鹼液		
鹼液	氫氧化鈉	117g
	水量	200g
	低脂鮮奶	70g

示範模具／27×15.5×4.5cm

使用工具／竹籤

01
融　油

將配方中的油脂全部秤量混合之後，加熱至35~40度，油脂必須呈現透明狀態，若加熱溫度太高，請降溫後才開始使用。

💜小叮嚀　冬天氣溫低時，椰子油、棕櫚油會凝固，可採取作法A：提前泡溫水讓油脂溶化後再取出使用；或者作法B：提前裝在容器中保存，再挖取使用。

02
溶　鹼

將氫氧化鈉分批倒入用純水製成的冰塊或純水中，攪拌至氫氧化鈉完全溶解。待鹼水降溫至30度以下，再將低脂鮮奶慢慢倒入鹼水中混合。最後將鹼液倒入油鍋中開始攪拌。

💜小叮嚀　低脂鮮奶倒入鹼水後請勿過度攪拌，避免蛋白質因為遇到鹼水升溫導致結塊。

03
打　皂

鹼液倒入油鍋之後，使用打蛋器快速攪拌約5~10分鐘，再配合打蛋器或手持式電動攪拌器打皂，將皂液攪拌至light trace。加入精油攪拌均勻後，觀察皂液呈現有阻力並且表面有微微的痕跡，就能開始準備調色。

💜小叮嚀　使用機打前可提早將精油倒入並且先攪拌均勻。使用機打中途要配合刮刀輕輕攪拌，才能讓皂液更均勻混合。

04
調　色

將皂液分為4杯來調色：
・第1杯倒入80g皂液，加入¼匙翠綠色雲母粉
・第2杯倒入80g皂液，加入⅓匙月桂綠雲母粉
・第3杯倒入80g皂液，加入¼匙黃綠色雲母粉
・第4杯倒入250g皂液，加入2平匙二氧化鈦粉

💜小叮嚀　油溶性二氧化鈦粉可以加入少許精油先行調開後，再加入皂液均勻混合。

操　作

A. 先取出一些皂液加入⅔匙黃綠色雲母粉調開後，再將皂液倒回主鍋中混合。最後將皂液全部倒入模型中。

B. 將白色皂液以定點方式倒入模型中，再依序換顏色定點倒在白色圓圈上。

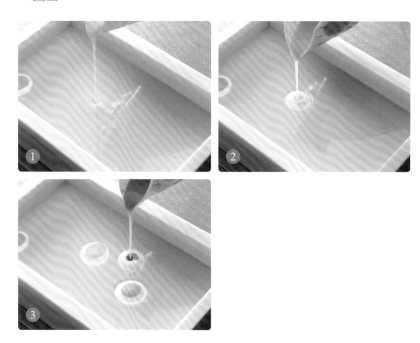

C.重覆此動作直到皂液使用完
　畢，再輕敲模型，讓皂液平
　整。

D.使用竹籤依序先從12、6、9、3點鐘方向，由外往內畫向中心點
　位置，再將竹籤抽起來，擦乾淨竹籤才能再畫。

E.使用竹籤再從外往中心點畫，葉片的瓣數就會愈來愈多。

06 保　溫	有添加乳製品的皂液不用保溫，蓋上木盒或保鮮膜即可。若濕度太高或皂化溫度太高，入模後容易產生水珠，此屬於正常情況，可用餐巾紙擦拭。
07 脫　模	脫模時間約3天，依皂體乾燥程度斟酌調整脫模時間。脫模時如發生黏模，建議可先冷凍約30分鐘後再進行脫模。脫模後若有水珠為正常情況，讓皂體自然乾燥即可。
08 切　皂	脫模後等皂體表面乾燥不黏手，才可以開始進行切皂。
09 修　皂	切皂後約3~7天，可以利用修皂器將表面白粉修掉，就能呈現漂亮的渲染線條。
10 晾　皂	晾皂約45天後，就能開始進行包裝。

澳洲胡桃沐浴皂 第17款 技法：隨意渲

　　這是一款視覺和觸感都具有紓壓感的手工皂。配方中的薰衣草和佛手柑的清新氣息能讓心情有放鬆及愉快感，沐浴後身心得到舒緩和撫慰。

　　在視覺上，這款皂的線條也非常美麗。渲染最難的地方，在於每個細節都要做到位。但線條其實是可以一直被修改的，只要懂得如何修改，線條變化就可以掌握在自己手中，改變成你最喜歡的樣子。這款渲染皂結合了許多畫法，沒有特定規則，透過不停的改變，最後得到自己最喜歡的線條就可以停筆，切記適度見好就收，不要畫過頭。透過觀察可以發現，線條變得愈來愈細膩，是不是很有趣呢？

材料

油脂			
椰子油	160	20%	
棕櫚油	240	30%	
甜杏仁油	80	10%	
澳洲胡桃油	280	35%	
可可脂	40	5%	
油量	800g		
INS	154		

精油	
薰衣草精油	6ml
芳樟精油	6ml
佛手柑精油	4ml

添加物	
橘色雲母粉	½匙
黃色雲母粉	½匙
綠色雲母粉	½匙
二氧化鈦粉	2平匙

鹼液	
氫氧化鈉	119g
水量	200g
低脂鮮奶	70g

示範模具／24×18×6cm

使用工具／刮刀、溫度計

01
融　油

將配方中的油脂全部秤量混合之後，加熱至35~40度，油脂必須呈現透明狀態，若加熱溫度太高，請降溫後才開始使用。

💜 小叮嚀　冬天氣溫低時，椰子油、棕櫚油會凝固，可採取作法A：提前泡溫水讓油脂溶化後再取出使用；或者作法B：提前裝在容器中保存，再挖取使用。

02
溶　鹼

將氫氧化鈉分批倒入用純水製成的冰塊或純水中，攪拌至氫氧化鈉完全溶解。待鹼水降溫至30度以下，再將低脂鮮奶慢慢倒入鹼水中混合。最後將鹼液倒入油鍋中開始攪拌。

💜 小叮嚀　低脂鮮奶倒入鹼水後請勿過度攪拌，避免蛋白質因為遇到鹼水升溫導致結塊。

03
打　皂

鹼液倒入油鍋之後，使用打蛋器快速攪拌約5~10分鐘，再配合打蛋器或手持式電動攪拌器打皂，將皂液攪拌至light trace。加入精油攪拌均勻後，觀察皂液呈現有阻力並且表面有微微的痕跡，就能開始準備調色。

💜 小叮嚀　使用機打前可提早將精油倒入並且先攪拌均勻。使用機打中途要配合刮刀輕輕攪拌，才能讓皂液更均勻混合。

04
調　色

將皂液分為4杯來調色：
- 第1杯倒入150g皂液
  加入½匙橘色雲母粉
- 第2杯倒入150g皂液
  加入½匙黃色雲母粉
- 第3杯倒入150g皂液
  加入½匙綠色雲母粉

· 第4杯倒入200g皂液，加入2平匙二氧化鈦粉

♥小叮嚀　油溶性二氧化鈦粉可以加入少許精油先行調開後，再加入皂液均勻混合。

05
操　作

A.將皂液分別倒入模型中。

B.使用小刮刀左右來回畫出橫向線條。

C.使用溫度計貼著模具邊繞5圈後離開。

D.使用溫度計上下來回畫出U
線條。

E.接著使用溫度計再左右畫U。

F. 最後使用溫度計隨意畫上幾筆，產生不同的線條感。

06
保　溫

有添加乳製品的皂液不用保溫，蓋上木盒或保鮮膜即可。若濕度太高或皂化溫度太高，入模後容易產生水珠，此屬於正常情況，可用餐巾紙擦拭。

07 脫　模	脫模時間約3天，依皂體乾燥程度斟酌調整脫模時間。脫模時如發生黏模，建議可先冷凍約30分鐘後再進行脫模。脫模後若有水珠為正常情況，讓皂體自然乾燥即可。
08 切　皂	脫模後等皂體表面乾燥不黏手，才可以開始進行切皂。
09 修　皂	切皂後約3~7天，可以利用修皂器將表面白粉修掉，就能呈現漂亮的渲染線條。
10 晾　皂	晾皂約45天後，就能開始進行包裝。

乳油木果
嫩白保濕皂

在渲染的技術上，如果使用乳油木果脂入皂，建議選用精製後的油脂較不容易加速皂化，因為未精製的油脂通常含有較高不皂化物，影響皂化速度較劇。乳油木果脂在非洲有奶油樹稱號，被女性視為美容聖品，對皮膚有良好的滋潤度，適合乾性肌膚使用。對於防曬以及照顧曬後肌膚也有非常好的滋潤修護，而且建議用量只要10%，就能達到很好的包覆性。

這款乳油木果嫩白保濕皂以鐵銹紅來呈現煙火的感覺，練習的時候也可以用其他顏色來玩看看，營造出不一樣的效果。例如藍色帶有夏天的感覺，綠色則能營造出春天的氣息！

材料

油脂				鹼液		
	椰子油	160	20%		氫氧化鈉	117g
	棕櫚油	240	30%		水量	200g
	杏桃核仁油	160	20%		低脂鮮奶	70g
	酪梨油	160	20%			
	乳油木果脂	80	10%			
	油量	800g				
	INS	145				

示範模具／24×18×6cm
使用工具／竹籤

精油		
	馬鬱蘭精油	7ml
	佛手柑精油	4ml
	山雞椒精油	5ml

添加物		
	鐵銹紅雲母粉	1匙
	二氧化鈦粉	2平匙

01
融　油

將配方中的油脂全部秤量混合之後，加熱至35~40度，油脂必須呈現透明狀態，若加熱溫度太高，請降溫後才開始使用。

💜小叮嚀　冬天氣溫低時，椰子油、棕櫚油會凝固，可採取作法A：提前泡溫水讓油脂溶化後再取出使用；或者作法B：提前裝在容器中保存，再挖取使用。

02
溶　鹼

將氫氧化鈉分批倒入用純水製成的冰塊或純水中，攪拌至氫氧化鈉完全溶解。待鹼水降溫至30度以下，再將低脂鮮奶慢慢倒入鹼水中混合。最後將鹼液倒入油鍋中開始攪拌。

💜小叮嚀　低脂鮮奶倒入鹼水後請勿過度攪拌，避免蛋白質因為遇到鹼水升溫導致結塊。

03
打　皂

鹼液倒入油鍋之後，使用打蛋器快速攪拌約5~10分鐘，再配合打蛋器或手持式電動攪拌器打皂，將皂液攪拌至light trace。加入精油攪拌均勻後，觀察皂液呈現有阻力並且表面有微微的痕跡，就能開始準備調色。

💜小叮嚀　使用機打前可提早將精油倒入並且先攪拌均勻。使用機打中途要配合刮刀輕輕攪拌，才能讓皂液更均勻混合。

04
調　色

將皂液分為2杯來調色：
- 第1杯倒入450g皂液
  加入1匙鐵銹紅雲母粉
- 第2杯倒入300g皂液
  加入2平匙二氧化鈦粉

💜小叮嚀　油溶性二氧化鈦粉可以加入少許精油先行調開後，再加入皂液均勻混合。

05

操 作

A. 先在渲染模型盤上方3cm、9cm、15cm處，各畫上記號代表倒皂液處。

B. 倒入調色皂液時，手勢由高至低、流量由大至小，來回倒在同一條直線上。

C. 使用竹籤分別在3條線上左右畫線，線條盡量畫密一點。最後從模具上方往下畫，就能呈現煙花的線條。

💜**小叮嚀** 調色皂液不能太稀，避免在倒入時導致皂液糊掉。

06
保　溫

有添加乳製品的皂液不用保溫，蓋上木盒或保鮮膜即可。若濕度太高或皂化溫度太高，入模後容易產生水珠，此屬於正常情況，可用餐巾紙擦拭。

07
脫　模

脫模時間約3天，依皂體乾燥程度斟酌調整脫模時間。脫模時如發生黏模，建議可先冷凍約30分鐘後再進行脫模。脫模後若有水珠為正常情況，讓皂體自然乾燥即可。

08
切　皂

脫模後等皂體表面乾燥不黏手，才可以開始進行切皂。

09
修　皂

切皂後約3~7天，可以利用修皂器將表面修掉，就能呈現漂亮的渲染線條。

10
晾　皂

晾皂約45天後，就能開始進行包裝。

可可芝麻乳皂

　　芝麻油含有豐富維他命 E 與芝麻素，具有良好的滋養肌膚功效。強效的保濕效果有使皮膚再生、預防紫外線的功能，製作成手工皂後，屬於洗感清爽的皂款，適合夏天及油性肌膚、面皰膚質使用，親膚性良好、起泡性佳。如果不喜歡芝麻油獨特味道的人，建議可選擇精製芝麻油來入皂。

　　這款捲捲渲的成功技巧主要在於皂液的濃度，皂液不可以過稀，才能呈現出線條的美感；另外，倒皂液入模時也要輕柔一些，線條才不會糊掉，多練習幾次就能輕易上手。

材料

油脂			
椰子油	200	25%
棕櫚油	200	25%
芝麻油	200	25%
杏桃核仁油	160	20%
米糠油	40	5%
油量	800g	
INS	143	

精油	
薰衣草精油	12ml
薄荷精油	2ml
香茅精油	2ml

添加物	
可可粉	4匙
黃色雲母粉	⅓匙
金色雲母粉	¼匙
二氧化鈦粉	2平匙

鹼液	
氫氧化鈉	119g
水量	200g
低脂鮮奶	70g

示範模具／ 24×18×6cm

使用工具／量杯

01 融　油

將配方中的油脂全部秤量混合之後，加熱至35~40度，油脂必須呈現透明狀態，若加熱溫度太高，請降溫後才開始使用。

♥小叮嚀　冬天氣溫低時，椰子油、棕櫚油會凝固，可採取作法A：提前泡溫水讓油脂溶化後再取出使用；或者作法B：提前裝在容器中保存，再挖取使用。

02 溶　鹼

將氫氧化鈉分批倒入用純水製成的冰塊或純水中，攪拌至氫氧化鈉完全溶解。待鹼水降溫至30度以下，再將低脂鮮奶慢慢倒入鹼水中混合。最後將鹼液倒入油鍋中開始攪拌。

♥小叮嚀　低脂鮮奶倒入鹼水後請勿過度攪拌，避免蛋白質因為遇到鹼水升溫導致結塊。

03 打　皂

鹼液倒入油鍋之後，使用打蛋器快速攪拌約5~10分鐘，再配合打蛋器或手持式電動攪拌器打皂，將皂液攪拌至light trace。加入精油攪拌均勻後，觀察皂液呈現有阻力並且表面有微微的痕跡，就能開始準備調色。

♥小叮嚀　使用機打前可提早將精油倒入並且先攪拌均勻。使用機打中途要配合刮刀輕輕攪拌，才能讓皂液更均勻混合。

04 調　色

將皂液分為4杯來調色：
・第1杯倒入250g皂液
　加入4匙可可粉
・第2杯倒入100g皂液
　加入⅓匙黃色雲母粉
・第3杯倒入50g皂液
　加入¼匙金色雲母粉

．第4杯主鍋皂液加入2平匙二氧化鈦粉

💜小叮嚀　油溶性二氧化鈦粉加入少許精油先行調開後，再加入皂液
　　均勻混合。

05
操　作

A.先將主鍋部分皂液倒入量杯
　中，再將調色的皂液以直線
　方式倒入杯中。

B.依序將皂液用畫螺旋的方式
　倒入模型中。

C.重覆A、B動作直到皂液使用完畢。

❤小叮嚀　操作皂液要濃一點，皂液倒入時輕一點，就能提高成功率。另
外，皂液倒入杯中時要倒直線，不要隨意亂倒，避免皂液過度混亂。

06
保　溫　　有添加乳製品的皂液不用保溫，蓋上木盒或保鮮膜即可。若濕度太
高或皂化溫度太高，入模後容易產生水珠，此屬於正常情況，可用
餐巾紙擦拭。

07
脫　模　　脫模時間約3天，依皂體乾燥程度斟酌調整脫模時間。脫模時如發
生黏模，建議可先冷凍約30分鐘後再進行脫模。脫模後若有水珠為
正常情況，讓皂體自然乾燥即可。

08
切　皂　　脫模後等皂體表面乾燥不黏手，才可以開始進行切皂。

09
修　皂　　切皂後約3~7天，可以利用修皂器將表面修掉，就能呈現漂亮的渲
染線條。

10
晾　皂　　晾皂約45天後，就能開始進行包裝。

紫色薰衣草
舒眠皂

　　芥花油含60%的單元不飽和脂肪酸，價格便宜容易取得、泡沫穩定、滋潤度高，而飽和脂肪酸在植物油中含量最低，亞麻酸佔10%，入皂比例太多容易氧化，建議用量為10%以下，會有出乎意料的洗感。

　　在圓型的技法中，這款相對簡單許多。技巧在於原色皂液倒入時，要輕輕地從角落倒入，若太大力容易將紫色沖糊掉。並且皂液也不能過於濃稠，避免流動性變差。只要能掌握以上訣竅就能輕鬆完成。若皂液倒入之後覺得已經很漂亮了，不妨就停止，不需要再畫線條，切開後也會有令人意想不到的驚喜圖案。

材料

油脂				鹼液		
	椰子油	160	20%		氫氧化鈉	117g
	棕櫚油	240	30%		水量	200g
	橄欖油	160	20%		低脂鮮奶	70g
	甜杏仁油	160	20%			
	芥花油	80	10%			
	油量	800g				
	INS	142				

示範模具／24×18×6cm

使用工具／量杯、竹籤

精油		
	薄荷精油	4ml
	芳樟精油	4ml
	薰衣草精油	8ml

添加物		
	紫色雲母粉	1匙

01

融　油

將配方中的油脂全部秤量混合之後，加熱至35~40度，油脂必須呈現透明狀態，若加熱溫度太高，請降溫後才開始使用。

💜小叮嚀　冬天氣溫低時，椰子油、棕櫚油會凝固，可採取作法A：提前泡溫水讓油脂溶化後再取出使用；或者作法B：提前裝在容器中保存，再挖取使用。

02

溶　鹼

將氫氧化鈉分批倒入用純水製成的冰塊或純水中，攪拌至氫氧化鈉完全溶解。待鹼水降溫至30度以下，再將低脂鮮奶慢慢倒入鹼水中混合。最後將鹼液倒入油鍋中開始攪拌。

💜小叮嚀　低脂鮮奶倒入鹼水後請勿過度攪拌，避免蛋白質因為遇到鹼水升溫導致結塊。

03

打　皂

鹼液倒入油鍋之後，使用打蛋器快速攪拌約5~10分鐘，再配合打蛋器或手持式電動攪拌器打皂，將皂液攪拌至light trace。加入精油攪拌均勻後，觀察皂液呈現有阻力並且表面有微微的痕跡，就能開始準備調色。

💜小叮嚀　使用機打前可提早將精油倒入並且先攪拌均勻。使用機打中途要配合刮刀輕輕攪拌，才能讓皂液更均勻混合。

04

調　色

將皂液分為1杯來調色：

・第1杯倒入200g皂液，加入1匙紫色雲母粉

<table>
<tr><td>

05

操　作

</td><td>

A. 先將原色皂液從角落倒入，讓皂液往外推。

B. 再將紫色皂液由角落倒入，範圍約50元硬幣大小。

C. 接著從角落倒入原色皂液，讓紫色圓圈往外推，直到紫色圓圈線
條變細，再換原色皂液，以此類推。

</td></tr>
</table>

D. 重覆上述動作直到皂液倒完
結束。

E. 原色皂液倒入時，動作要輕柔，才不會讓皂液產生混濁。

F. 使用竹籤從對角拉出去，之後抽起竹籤，重覆此動作。全部分成
16等分。

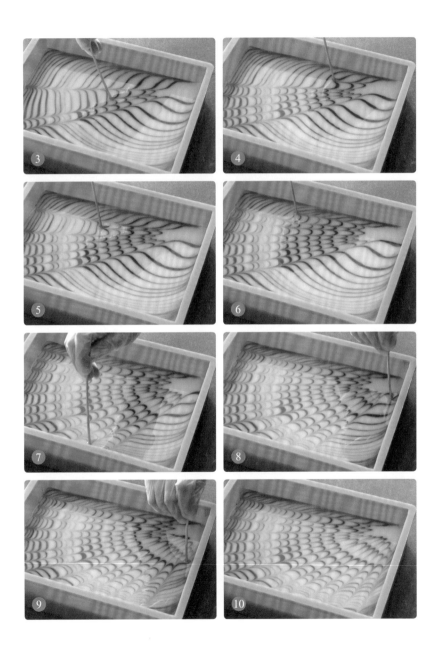

06 保　溫	有添加乳製品的皂液不用保溫，蓋上木盒或保鮮膜即可。若濕度太高或皂化溫度太高，入模後容易產生水珠，此屬於正常情況，可用餐巾紙擦拭。
07 脫　模	脫模時間約3天，依皂體乾燥程度斟酌調整脫模時間。脫模時如發生黏模，建議可先冷凍約30分鐘後再進行脫模。脫模後若有水珠為正常情況，讓皂體自然乾燥即可。
08 切　皂	脫模後等皂體表面乾燥不黏手，才可以開始進行切皂。
09 修　皂	切皂後約3~7天，可以利用修皂器將表面修掉，就能呈現漂亮的渲染線條。
10 晾　皂	晾皂約45天後，就能開始進行包裝。

Handmade Soap
THE
INFOLK
ABLE
RECIPES
Handmade Soap
Handmade Soap
Handmade Soap

乳油木果舒緩皂

第21款 技法：堆疊渲

在渲染的領域裡，不一定要勾勒拉花才叫作渲染。其實有線條的成品，都是屬於渲染的技法，切皂之後同樣能欣賞到美麗的造型。堆疊渲只要小心掌控皂液的濃稠度，不要太稀，即使是新手也能輕鬆完成，成功率很高。而皂液的總水量只要在2~2.2倍之間就足夠，再簡單配上幾個顏色，就能呈現出自然的作品風格。

配方中的乳油木果脂、甜杏仁油及榛果油都有很好的保濕效果，能為肌膚帶來良好的滋潤，防止肌膚老化，洗感也很清爽。尤其乳油木果脂對皮膚有很好的修復效果，特別適用於乾燥、敏感肌，有良好的舒緩作用。

材料

油脂				鹼液		
油	椰子油	140	20%	鹼液	氫氧化鈉	102g
	棕櫚油	140	20%		水量	160g
	乳油木果脂	70	10%		低脂鮮奶	50g
	榛果油	175	25%			
脂	甜杏仁油	175	25%			
	油量	700g				
	INS	140				

示範模具／ 21×7×7cm
使用工具／紙杯

精油	芳樟精油	10ml
	佛手柑精油	4ml
添加物	黃色雲母粉	⅓匙
	黃綠色雲母粉	⅓匙
	翠綠色雲母粉	⅓匙
	二氧化鈦粉	1平匙

01

融油

將配方中的油脂全部秤量混合之後，加熱至35~40度，油脂必須呈現透明狀態，若加熱溫度太高，請降溫後才開始使用。

♥小叮嚀　冬天氣溫低時，椰子油、棕櫚油會凝固，可採取作法A：提前泡溫水讓油脂溶化後再取出使用；或者作法B：提前裝在容器中保存，再挖取使用。

02

溶鹼

將氫氧化鈉分批倒入用純水製成的冰塊或純水中，攪拌至氫氧化鈉完全溶解。待鹼水降溫至30度以下，再將低脂鮮奶慢慢倒入鹼水中混合。最後將鹼液倒入油鍋中開始攪拌。

♥小叮嚀　低脂鮮奶倒入鹼水後請勿過度攪拌，避免蛋白質因為遇到鹼水升溫導致結塊。

03

打皂

鹼液倒入油鍋之後，使用打蛋器快速攪拌約5~10分鐘，再配合打蛋器或手持式電動攪拌器打皂，將皂液攪拌至light trace。加入精油攪拌均勻後，觀察皂液呈現有阻力並且表面有微微的痕跡，就能開始準備調色。

♥小叮嚀　使用機打前可提早將精油倒入並且先攪拌均勻。使用機打中途要配合刮刀輕輕攪拌，才能讓皂液更均勻混合。

04

調　色

將皂液分為4杯來調色：

- 第1杯倒入100g皂液
  加入粉⅓匙黃色雲母
- 第2杯倒入100g皂液
  加入⅓匙黃綠色雲母粉
- 第3杯倒入100g皂液
  加入⅓匙翠綠色雲母粉
- 第4杯倒入100g皂液
  加入1平匙二氧化鈦粉

💜**小叮嚀**　油溶性二氧化鈦粉可以加入少許精油先行調開後，再加入
皂液均勻混合。

05

操　作

A.先將剩餘皂液倒入模型中。

B.將紙杯的杯口捏尖。

C.隨意取出一個顏色，由模型
上方往下方倒出一直線，並
且線條不要太粗。

D.依序重覆此動作堆疊，直到調色皂液使用完畢。

💝小叮嚀　皂液不能太稀，避免在倒入時導致線條糊掉。紙杯使用250ml
容量就足夠。

06
保　溫

有添加乳製品的皂液不用保溫，蓋上木盒或保鮮膜即可。若濕度太
高或皂化溫度太高，入模後容易產生水珠，此屬於正常情況，可用
餐巾紙擦拭。

07
脫　模

脫模時間約3天，依皂體乾燥程度斟酌調整脫模時間。脫模時如發
生黏模，建議可先冷凍約30分鐘後再進行脫模。脫模後若有水珠為
正常情況，讓皂體自然乾燥即可。

08
切　皂

脫模後等皂體表面乾燥不黏手，才可以開始進行切皂。

09
修　皂

切皂後約3~7天，可以利用修皂器將表面修掉，就能呈現漂亮的渲
染線條。

10
晾　皂

晾皂約45天後，就能開始進行包裝。

備長炭控油皂

第22款 技法：直線渲

　　這款皂是利用皂液推擠的方式所製造出來的直線渲染。只要能夠掌握黑色皂液的倒入線條粗細，以及倒入的速度放慢，就能夠製造出自然美麗的線條感，切皂後的成品會非常好看。

　　備長炭有強效的吸附油脂功能，能吸附毛孔裡的髒污，搭配清爽的油脂作皂，是油性膚的基本款皂品，在夏天相當受到喜愛，也是許多男生非常愛用的一款手工皂。油性膚質建議使用較清爽的油脂，例如米糠油、芝麻油、葵花油、葡萄籽油、開心果油、核桃油、芥花油、小麥胚芽油等，這些都是不錯的選擇，而亞油酸高的油品則要注意氧化速度，比例不宜過高。

材料

油脂				鹼液		
油	椰子油	175	25%	鹼液	氫氧化鈉	104g
	棕櫚油	210	30%		水量	165g
	甜杏仁油	140	20%		低脂鮮奶	55g
	芝麻油	105	15%			
脂	小麥胚芽油	70	10%			
	油量	700g				
	INS	145				

示範模具／24.5×6×6.5cm

使用工具／紙杯

精油	廣藿香精油	7ml
	薄荷精油	7ml
添加物	備長炭粉	1½匙
	二氧化鈦粉	1½匙

切皂方向

01
融 油

將配方中的油脂全部秤量混合之後,加熱至35~40度,油脂必須呈現透明狀態,若加熱溫度太高,請降溫後才開始使用。

♥小叮嚀　冬天氣溫低時,椰子油、棕櫚油會凝固,可採取作法A:提前泡溫水讓油脂溶化後再取出使用;或者作法B:提前裝在容器中保存,再挖取使用。

02
溶 鹼

將氫氧化鈉分批倒入用純水製成的冰塊或純水中,攪拌至氫氧化鈉完全溶解。待鹼水降溫至30度以下,再將低脂鮮奶慢慢倒入鹼水中混合。最後將鹼液倒入油鍋中開始攪拌。

♥小叮嚀　低脂鮮奶倒入鹼水後請勿過度攪拌,避免蛋白質因為遇到鹼水升溫導致結塊。

03
打 皂

鹼液倒入油鍋之後,使用打蛋器快速攪拌約5~10分鐘,再配合打蛋器或手持式電動攪拌器打皂,將皂液攪拌至light trace。加入精油攪拌均勻後,觀察皂液呈現有阻力並且表面有微微的痕跡,就能開始準備調色。

♥小叮嚀　使用機打前可提早將精油倒入並且先攪拌均勻。使用機打中途要配合刮刀輕輕攪拌,才能讓皂液更均勻混合。

04
調 色

・第1杯倒入150g皂液
　加入1½匙備長炭粉

♥小叮嚀　將剩餘皂液加入二氧化鈦粉調色。

✓

A.將油溶性二氧化鈦粉加入少許精油調開後，加入100g皂液均勻混合後倒回主鍋，之後再分批倒出使用。

B.先將模型傾斜右邊，左側邊墊抹布。

C.將白色皂液，從模型較低的一邊倒入。接著，再將黑色皂液輕輕沿著模型側邊倒入。再一次倒入白色皂液，讓白色皂液將黑色皂液往外推，直到黑色皂液變細。重覆此動作3次。

D.倒入順序為白→黑→白→黑→白→黑→白。

E. 接著將抹布拿起，將模型傾斜左邊，並將抹布放置右邊，保持模具傾斜。

F. 重覆C動作，皂液順序為白→黑→白→黑→白→黑→白。

G. 接著將抹布拿起，將模型傾斜右邊，並將抹布放置左邊，保持模具傾斜。重覆C動作，順序為白→黑→白→黑→白→黑→白。

💜**小叮嚀** <u>黑色皂液倒入時，只要倒直線即可。注意線條不要太粗、皂液</u><u>濃比較好操作。</u>

06
保　溫

有添加乳製品的皂液不用保溫，蓋上木盒或保鮮膜即可。若濕度太高或皂化溫度太高，入模後容易產生水珠，此屬於正常情況，可用餐巾紙擦拭。

07
脫　模

脫模時間約3天，依皂體乾燥程度斟酌調整脫模時間。脫模時如發生黏模，建議可先冷凍約30分鐘後再進行脫模。脫模後若有水珠為正常情況，讓皂體自然乾燥即可。

08
切　皂

脫模後等皂體表面乾燥不黏手，才可以開始進行切皂。

09
修　皂

切皂後約3~7天，可以利用修皂器將表面修掉，就能呈現漂亮的渲染線條。

10
晾　皂

晾皂約45天後，就能開始進行包裝。

無痕漸層柔膚皂

第23款 技法：漸層渲

漸層皂的原理，是透過顏色累加的方式來進行，讓皂體的顏色能柔美地慢慢變淡。而工欲善其事，必須先利其器，學習用季芸老師教你的方式可以讓成功率大大提升，只要利用隨手可得的湯匙就能夠進行。

大湯匙1匙約50克的皂液量，中湯匙1匙20克；模具的選擇上，建議用高度較高的土司模，例如長21×寬7×高7，切開後才能表現出最好的尺寸，盡量讓成品高度接近7公分。準備好工具後，就能開始玩漸層皂。

在油品的選擇上，建議挑選成皂偏白的油品，例如榛果油、甜杏仁油。調色的顏色要深一些，這樣一來顏色慢慢淡出時，才能呈現最佳的色彩。最後，提醒別忘了切皂的方向一定要分清楚，才不會功虧一簣，這一點非常重要！

材料

油脂			
	椰子油	140	20%
	棕櫚油	210	30%
	榛果油	210	30%
	甜杏仁油	140	20%
	油量	700g	
	INS	143	

精油	薰衣草精油	14ml
添加物	綠色雲母粉	⅔匙

鹼液		
	氫氧化鈉	103g
	水量	190g
	低脂鮮奶	60g

示範模具／21×7×7cm

使用工具／大湯匙、中湯匙

切皂方向

01
融 油

將配方中的油脂全部秤量混合之後，加熱至35~40度，油脂必須呈現透明狀態，若加熱溫度太高，請降溫後才開始使用。

💜小叮嚀　冬天氣溫低時，椰子油、棕櫚油會凝固，可採取作法A：提前泡溫水讓油脂溶化後再取出使用；或者作法B：提前裝在容器中保存，再挖取使用。

02
溶 鹼

將氫氧化鈉分批倒入用純水製成的冰塊或純水中，攪拌至氫氧化鈉完全溶解。待鹼水降溫至30度以下，再將低脂鮮奶慢慢倒入鹼水中混合。最後將鹼液倒入油鍋中開始攪拌。

💜小叮嚀　低脂鮮奶倒入鹼水後請勿過度攪拌，避免蛋白質因為遇到鹼水升溫導致結塊。

03
打 皂

鹼液倒入油鍋之後，使用打蛋器快速攪拌約5~10分鐘，再配合打蛋器或手持式電動攪拌器打皂，將皂液攪拌至light trace。加入精油攪拌均勻後，觀察皂液呈現有阻力並且表面有微微的痕跡，就能開始準備調色。

💜小叮嚀　使用機打前可提早將精油倒入並且先攪拌均勻。使用機打中途要配合刮刀輕輕攪拌，才能讓皂液更均勻混合。

04
調 色

將皂液分為1杯來調色：
第1杯倒入300g皂液，加入⅔匙綠色雲母粉

05　操　作

A. 先將土司模微傾斜右邊，左邊用抹布墊高。

B. 準備好大湯匙、中湯匙，大湯匙約1匙50g，中湯匙約1匙20g。

C. 調色皂液約總皂液的30%，以配方中為例，約取300g皂液。

D. 將300g皂液調成綠色備用。

E. 使用中湯匙舀1匙調色皂液至主鍋，再使用大湯匙輕輕攪拌均勻。

F. 接著用大湯匙從主鍋舀1匙調色皂液至空杯中。

G.將紙杯中的皂液，沿著土司模側邊來回倒入。

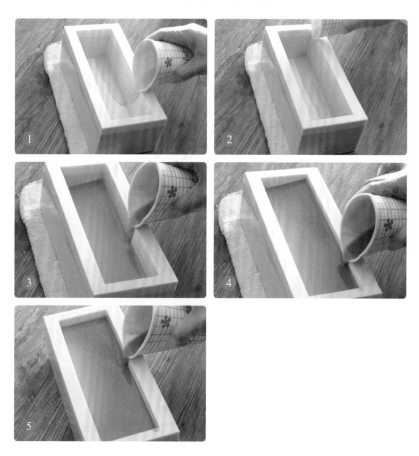

H.重覆E、F、G動作，直到皂
液操作結束。

♥ 小叮嚀

1. 操作前，用餐巾紙先將土司模側邊沾少許皂液，在倒皂液時可以避免澀感，增加流動順暢度。

2. 操作完畢時，土司模記得封好保鮮膜，隔絕空氣，不用保溫。

3. 漸層皂製作水分較高皂化慢，不建議太早脫模，建議3天後再進行脫模。

4. 若對皂液分配沒把握，建議油量配方可以調整至800g。

5. 操作速度要快，避免皂液過濃產生痕跡。

06 保　溫	有添加乳製品的皂液不用保溫，蓋上保鮮膜即可。若濕度太高或皂化溫度太高，入模後容易產生水珠，此屬於正常情況，可用餐巾紙擦拭。

07 脫　模	脫模時間約3天，依皂體乾燥程度斟酌調整脫模時間。脫模時如發生黏模，建議可先冷凍約30分鐘後再進行脫模。脫模後若有水珠為正常情況，讓皂體自然乾燥即可。

08 切　皂	脫模後等皂體表面乾燥不黏手，才可以開始進行切皂。

09 修　皂	切皂後約3~7天，可以利用修皂器將表面修掉，就能呈現漂亮的渲染線條。

10 晾　皂	晾皂約45天後，就能開始進行包裝。

乳油木雪松
滋潤皂

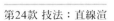 第24款 技法：直線渲

　　從乳油木樹的乳木果果核提煉萃取的乳油木果脂，因產出非常珍貴，因此在非洲有「神聖的軟黃金」之稱，被用來當作塗抹肌膚保養的聖品。其成分中含有的修復因子及保濕效果，可以減少肌膚乾裂、防止細紋，對皮膚非常溫和，最適合乾燥皮膚使用。且乳油木果脂的泡沫細小綿密，洗感非常溫和舒服。

　　這款皂所搭配的顏色，也可依照你的喜好做替換，享受不同顏色帶來的新鮮視覺感，讓沐浴增添幾分樂趣。

材料

油脂			
椰子油	105	15%
棕櫚油	210	30%
乳油木果脂	70	10%
甜杏仁油	210	30%
澳洲胡桃油	105	15%
油量	700g	
INS	141	

精油		
雪松精油	14ml

添加物		
淡藍色雲母粉	½匙
備長炭粉	1匙
紅礦泥粉	⅓匙
二氧化鈦粉	1平匙

鹼液		
氫氧化鈉	101g
水量	160g
低脂鮮奶	70g

示範模具／21×7×7cm

使用工具／量杯、紙杯

切皂方向

01
融　油

將配方中的油脂全部秤量混合之後，加熱至35~40度，油脂必須呈現透明狀態，若加熱溫度太高，請降溫後才開始使用。

♥小叮嚀　冬天氣溫低時，椰子油、棕櫚油會凝固，可採取作法A：提前泡溫水讓油脂溶化後再取出使用；或者作法B：提前裝在容器中保存，再挖取使用。

02
溶　鹼

將氫氧化鈉分批倒入用純水製成的冰塊或純水中，攪拌至氫氧化鈉完全溶解。待鹼水降溫至30度以下，再將低脂鮮奶慢慢倒入鹼水中混合。最後將鹼液倒入油鍋中開始攪拌。

♥小叮嚀　低脂鮮奶倒入鹼水後請勿過度攪拌，避免蛋白質因為遇到鹼水升溫導致結塊。

03
打　皂

鹼液倒入油鍋之後，使用打蛋器快速攪拌約5~10分鐘，再配合打蛋器或手持式電動攪拌器打皂，將皂液攪拌至light trace。加入精油攪拌均勻後，觀察皂液呈現有阻力並且表面有微微的痕跡，就能開始準備調色。

♥小叮嚀　使用機打前可提早將精油倒入並且先攪拌均勻。使用機打中途要配合刮刀輕輕攪拌，才能讓皂液更均勻混合。

04 調　色

將皂液分為4杯來調色：

- 第1杯倒入80g皂液
  加入1匙備長炭粉
- 第2杯倒入80g皂液
  加入⅓匙紅礦泥粉
- 第3杯倒入100g皂液
  加入1平匙二氧化鈦粉
- 第4杯倒入750g皂液，加入½匙淡藍色雲母粉

💜小叮嚀　油溶性二氧化鈦粉可以加入少許精油先行調開後，再加入皂液均勻混合。紅礦泥粉可以先加入少許基底油調開。

05 操　作

A.先將土司模微微傾斜，並且用抹布稍微墊高。

B.將藍色皂液靠著模型邊，慢慢將皂液來回倒入一部分。

C.接著將黑色皂液貼著模型邊，來回倒入1次。

D. 再利用藍色皂液將黑色皂液推開。觀察皂液推成較細線條之後，
就可以更換其他顏色。

E. 以此類推重覆操作，將皂液使用完畢。

F. 皂液倒入的顏色及皂液量，可以依個人喜好調整。

♥小叮嚀　紅色、黑色、白色皂液倒入的次數，可以依個人喜好調整。不
一定要倒很多次，也能夠倒1次就結束，切開後一樣會有不同的驚喜。

06 保　溫	有添加乳製品的皂液不用保溫，蓋上木盒或保鮮膜即可。

| 07 脫　模 | 脫模時間約3天，依皂體乾燥程度斟酌調整脫模時間。脫模時如發生黏模，建議可先冷凍約30分鐘後再進行脫模。脫模後若有水珠為正常情況，讓皂體自然乾燥即可。 |

| 08 切　皂 | 脫模後等皂體表面乾燥不黏手，才可以開始進行切皂。 |

| 09 修　皂 | 切皂後約3~7天，可以利用修皂器將表面修掉，就能呈現漂亮的渲染線條。 |

| 10 晾　皂 | 晾皂約45天後，就能開始進行包裝。 |

備長炭廣藿香皂

第25款 技法：堆疊渲

　　葡萄籽油是一款非常清爽的油，容易被肌膚吸收，具有良好的保濕效果，油脂中含有高比例亞油酸，擁有不錯的起泡度，洗感舒服。但要注意的是成皂偏軟，入皂添加過多的葡萄籽油容易導致肥皂提早氧化，建議用量控制在10%以內。

　　而葡萄籽油在芳療上也很適合用來臉部與身體按摩，非常適合細嫩與敏感肌使用，可增強肌膚保濕效果，同時滋潤與柔軟皮膚，質地輕爽而不油膩，吸收性良好。此款配方搭配沉穩的廣藿香精油，入皂後會令人愛不釋手，愛上它的洗感。加上用堆疊技法創作出來的線條，讓這款渲染皂質感更加分。

材料

油脂			
	椰子油	175	25%
	棕櫚油	210	30%
	杏桃核仁油	189	27%
	葡萄籽油	70	10%
	米糠油	56	8%
	油量	700g	
	INS	145	

精油		
	廣藿香精油	8ml
	雪松精油	4ml
	薄荷精油	2ml

添加物		
	黃色雲母粉	½匙
	備長炭粉	2匙
	二氧化鈦粉	2平匙

鹼液		
	氫氧化鈉	103g
	水量	150g
	低脂鮮奶	60g

示範模具／21×7×7cm

使用工具／紙杯

切皂方向

01
融　油

將配方中的油脂全部秤量混合之後，加熱至35~40度，油脂必須呈現透明狀態，若加熱溫度太高，請降溫後才開始使用。

❤小叮嚀　冬天氣溫低時，椰子油、棕櫚油會凝固，可採取作法A：提前泡溫水讓油脂溶化後再取出使用；或者作法B：提前裝在容器中保存，再挖取使用。

02
溶　鹼

將氫氧化鈉分批倒入用純水製成的冰塊或純水中，攪拌至氫氧化鈉完全溶解。待鹼水降溫至30度以下，再將低脂鮮奶慢慢倒入鹼水中混合。最後將鹼液倒入油鍋中開始攪拌。

❤小叮嚀　低脂鮮奶倒入鹼水後請勿過度攪拌，避免蛋白質因為遇到鹼水升溫導致結塊。

03
打　皂

鹼液倒入油鍋之後，使用打蛋器快速攪拌約5~10分鐘，再配合打蛋器或手持式電動攪拌器打皂，將皂液攪拌至light trace。加入精油攪拌均勻後，觀察皂液呈現有阻力並且表面有微微的痕跡，就能開始準備調色。

❤小叮嚀　使用機打前可提早將精油倒入並且先攪拌均勻。使用機打中途要配合刮刀輕輕攪拌，才能讓皂液更均勻混合。

04
調　色

將皂液分為3杯來調色：

- 第1杯倒入300g皂液
  加入½匙黃色雲母粉
- 第2杯倒入300g皂液
  加入2匙備長炭粉
- 第3杯倒入400g皂液
  加入2平匙二氧化鈦粉

💜小叮嚀　油溶性二氧化鈦粉可以加入少許精油先行調開後，再加入
皂液均勻混合。

05
操　作

A.先將土司模微微傾斜，並用抹布稍微墊高。

B.將皂液靠近模型較低的一邊，慢慢將皂液來回倒入模具中。

C.白色、黑色、黃色依序倒入模具中。

D.皂液倒入的顏色及皂液量，可以依個人喜好調整。

💜小叮嚀　使用餐巾紙沾少許皂液，塗在土司模側邊，可以增加倒皂液順
　　　暢度。切皂時，不妨嘗試切不同方向。

06 保　溫

有添加乳製品的皂液不用保溫，蓋上木盒或保鮮膜即可。

07 脫　模

脫模時間約3天，依皂體乾燥程度斟酌調整脫模時間。脫模時如發
生黏模，建議可先冷凍約30分鐘後再進行脫模。脫模後若有水珠為
正常情況，讓皂體自然乾燥即可。

08 切　皂

脫模後等皂體表面乾燥不黏手，才可以開始進行切皂。

| 09 | 切皂後約3~7天，可以利用修皂器將表面修掉，就能呈現漂亮的渲 |
| 修　皂 | 染線條。 |

| 10 | 晾皂約45天後，就能開始進行包裝。 |
| 晾　皂 | |

茶樹肉桂保濕皂

第26款 技法：抖抖渲

　　由於土司模空間較窄，所以用土司模作皂時，在空間的利用上較容易受阻礙。這時不妨改變一下方式，找出適合土司模的技法，一樣能呈現豐富又有趣的圖案。這款渲染皂採用自然流動的技法，就很適合土司模；在配色建議上，採用1至2色就已經足夠，過多的配色容易產生濁色。另外，切皂時也可以切不同的方向，來呈現不同的驚喜。

　　在配方上，除了有保濕度良好的甜杏仁油、開心果油，可以為肌膚帶來很好的滋潤度，所添加的茶樹精油和肉桂精油，也有促進血液循環，抗肌膚衰老的效用。

材料

油脂				鹼液		
	椰子油	160	20%		氫氧化鈉	117g
	棕櫚油	240	30%		水量	200g
	橄欖油	160	20%		低脂鮮奶	70g
	甜杏仁油	160	20%			
	開心果油	80	10%			
	油量	800g				
	INS	146				

示範模具／25×8×6cm

使用工具／量杯

精油		
	茶樹精油	10ml
	肉桂精油	4ml
	迷迭香精油	2ml

添加物		
	深藍色雲母粉	1½匙
	二氧化鈦粉	3平匙

切皂方向

01
融　油

將配方中的油脂全部秤量混合之後，加熱至35~40度，油脂必須呈現透明狀態，若加熱溫度太高，請降溫後才開始使用。

💜**小叮嚀**　冬天氣溫低時，椰子油、棕櫚油會凝固，可採取作法A：提前泡溫水讓油脂溶化後再取出使用；或者作法B：提前裝在容器中保存，再挖取使用。

02
溶　鹼

將氫氧化鈉分批倒入用純水製成的冰塊或純水中，攪拌至氫氧化鈉完全溶解。待鹼水降溫至30度以下，再將低脂鮮奶慢慢倒入鹼水中混合。最後將鹼液倒入油鍋中開始攪拌。

💜**小叮嚀**　低脂鮮奶倒入鹼水後請勿過度攪拌，避免蛋白質因為遇到鹼水升溫導致結塊。

03
打　皂

鹼液倒入油鍋之後，使用打蛋器快速攪拌約5~10分鐘，再配合打蛋器或手持式電動攪拌器打皂，將皂液攪拌至light trace。加入精油攪拌均勻後，觀察皂液呈現有阻力並且表面有微微的痕跡，就能開始準備調色。

💜**小叮嚀**　使用機打前可提早將精油倒入並且先攪拌均勻。使用機打中途要配合刮刀輕輕攪拌，才能讓皂液更均勻混合。

04
調　色

將皂液分為2杯來調色：
- 第1杯倒入450g皂液
  加入1½匙深藍色雲母粉
- 第2杯倒入750g皂液
  加入3平匙二氧化鈦粉

💜**小叮嚀**　油溶性二氧化鈦粉可以使用精油先行調開後，加入皂液混合均勻再加入主鍋。

05
操　作

A. 在土司模上方墊抹布，讓土司模呈現傾斜。

B. 將藍色皂液及白色皂液分別倒入量杯中。

C. 皂液從土司模右下角倒入，輕輕左右晃動就能產生不規則線條。

D. 接著換從土司模左下角倒入，之後輕輕晃動。

E.以對稱的方式左右輪流倒入皂液，直到皂液操作結束。

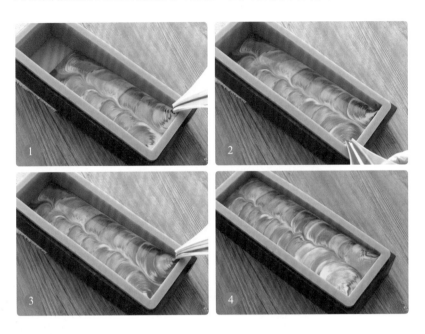

💜小叮嚀　皂液不要太稀成功率才會高，如果皂液太稀，可以先靜置一會兒再進行操作。放慢操作速度，可避免線條糊掉。皂液的顏色可以自由搭配，會有不同的視覺。

06
保　溫

有添加乳製品的皂液不用保溫，蓋上木盒或保鮮膜即可。若濕度太高或皂化溫度太高，入模後容易產生水珠，此屬於正常情況，可用餐巾紙擦拭。

07
脫　模

脫模時間約3天，依皂體乾燥程度斟酌調整脫模時間。脫模時如發生黏模，建議可先冷凍約30分鐘後再進行脫模。脫模後若有水珠為正常情況，讓皂體自然乾燥即可。

08

切　皂

脫模後等皂體表面乾燥不黏手，才可以開始進行切皂。

09

修　皂

切皂後約3~7天，可以利用修皂器將表面修掉，就能呈現漂亮的渲染線條。

10

晾　皂

晾皂約45天後，就能開始進行包裝。

檜木可可皂

　　這款皂利用直線和堆疊兩種技法，創造出變化豐富的渲染皂，並且利用可可色營造深淺視覺變化，加上能安定心神的檜木精油，讓這款皂呈現優雅的高質感。

　　可可粉在渲染皂的操作技法上，是經常使用的一種素材，可以在烘焙店取得。購買時，可以選擇防潮可可粉來降低出水率，而配方操作的水量，建議在氫氧化鈉的2.3倍以內最佳。若遇上環境潮濕，未脫模前都有可能造成出水或表面變成霧面狀。這些都是屬於正常狀況，切皂後再使用修皂器修除，就能呈現漂亮的咖啡色線條。

材料

油脂				鹼液		
油	椰子油	140	20%	鹼液	氫氧化鈉	102g
	棕櫚油	210	30%		水量	180g
	橄欖油	210	30%		低脂鮮奶	50g
	酪梨油	70	10%			
脂	小麥胚芽油	70	10%			
	油量	700g				
	INS	144				

示範模具／ 21×7×7cm

使用工具／紙杯

精油	檜木精油	8ml
	羅勒精油	2ml
油	尤加利精油	4ml
添加物	可可粉	4匙
	二氧化鈦粉	1平匙

切皂方向

01	將配方中的油脂全部秤量混合之後,加熱至35~40度,油脂必須呈
融 油	現透明狀態,若加熱溫度太高,請降溫後才開始使用。

💙小叮嚀 冬天氣溫低時,椰子油、棕櫚油會凝固,可採取作法A:提
前泡溫水讓油脂溶化後再取出使用;或者作法B:提前裝在容器中
保存,再挖取使用。

02	將氫氧化鈉分批倒入用純水製成的冰塊或純水中,攪拌至氫氧化鈉
溶 鹼	完全溶解。待鹼水降溫至30度以下,再將低脂鮮奶慢慢倒入鹼水中
	混合。最後將鹼液倒入油鍋中開始攪拌。

💙小叮嚀 低脂鮮奶倒入鹼水後請勿過度攪拌,避免蛋白質因為遇到鹼
水升溫導致結塊。

03	鹼液倒入油鍋之後,使用打蛋器快速攪拌約5~10分鐘,再配合打蛋
打 皂	器或手持式電動攪拌器打皂,將皂液攪拌至light trace。加入精油
	攪拌均勻後,觀察皂液呈現有阻力並且表面有微微的痕跡,就能開
	始準備調色。

💙小叮嚀 使用機打前可提早將精油倒入並且先攪拌均勻。使用機
打中途要配合刮刀輕輕攪拌,才能讓皂液更均勻混合。

04	將皂液分為2杯來調色:
調 色	・第1杯倒入300g皂液,加入4匙可可粉
	・第2杯倒入150g皂液,加入1平匙二氧化鈦粉

💙小叮嚀 油溶性二氧化鈦粉可以加入少許精油先行調開後,再加入
皂液均勻混合。

A. 用抹布稍微將土司模左邊墊高，讓土司模微微傾斜。

B. 咖啡色300g皂液分成兩杯，一杯200g、一杯100g。

C. 白色皂液以直線倒入100g咖啡色皂液中。

D. 將咖啡皂液靠近模型邊，慢慢將皂液來回倒入土司模具。

E. 重覆此動作，直到100g咖啡皂液與100g白色皂液使用完畢。

F. 使用大湯匙舀1匙原色皂液，
至200g咖啡皂液中攪拌均
勻。

G.再沿著土司模側邊倒入，分
量約來回2次。

H.再加入1匙原色皂液，以此類推倒入皂液，直到皂液滿模。

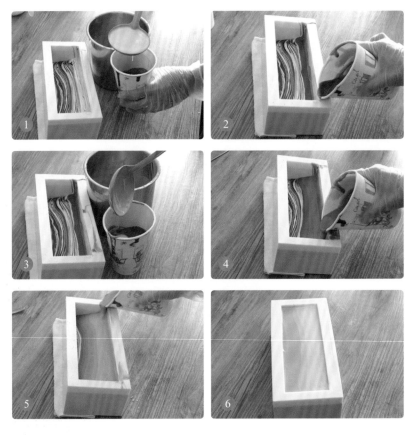

❤小叮嚀　白色皂液與咖啡色皂液可以交替使用，倒入模型中。

06	
保　溫	有添加乳製品的皂液不用保溫，蓋上木盒或保鮮膜即可。若濕度太高或皂化溫度太高，入模後容易產生水珠，此屬於正常情況，可用餐巾紙擦拭。

07	
脫　模	脫模時間約3天，依皂體乾燥程度斟酌調整脫模時間。脫模時如發生黏模，建議可先冷凍約30分鐘後再進行脫模。脫模後若有水珠為正常情況，讓皂體自然乾燥即可。

08	
切　皂	脫模後等皂體表面乾燥不黏手，才可以開始進行切皂。

09	
修　皂	切皂後約3~7天，可以利用修皂器將表面修掉，就能呈現漂亮的渲染線條。

10	
晾　皂	晾皂約45天後，就能開始進行包裝。

馬鬱蘭酪梨皂

第28款 技法：堆疊＋拉花渲

配方中的杏桃核仁油含有豐富的維生素E，具有很強的抗氧化特性，能舒緩乾燥肌膚不適。而酪梨油的單元不飽和脂肪酸含量高，特性溫和、泡沫豐盈，經常被用來做成嬰兒專用皂或者敏感肌膚皂。

而可可脂有淡淡的巧克力香味，入皂可以提高硬度，讓起泡穩定，對皮膚有不錯的包覆性。不過，加太多容易導致皂體脆裂，建議用量在5%即可。但若為了抑制肥皂過軟變形，為增加硬度，則可添加最多10%。馬鬱蘭精油在芳療使用上有鎮定、安撫效用，加入此款皂的配方，更提升舒適洗感。利用堆疊和拉花技法製作，視覺造型更為豐富，而土司模底部刻意留了一半以上的面積不拉花，蓋上皂章整體非常好看。

材料

油脂	品項	重量	百分比
油	椰子油	105	15%
	棕櫚油	175	25%
	可可脂	35	5%
脂	杏桃核仁油	210	30%
	酪梨油	175	25%
	油量	700g	
	INS	135	

精油		
精	尤加利精油	5ml
	薰衣草精油	5ml
油	馬鬱蘭精油	6ml

添加物		
添	藍色雲母粉	⅓匙
加	黃綠雲母粉	1匙
物	二氧化鈦粉	2平匙

鹼液		
鹼	氫氧化鈉	100g
液	水量	150g
	低脂鮮奶	50g

示範模具／21×7×7cm

使用工具／紙杯、竹籤

01
融　油

將配方中的油脂全部秤量混合之後，加熱至35~40度，油脂必須呈現透明狀態，若加熱溫度太高，請降溫後才開始使用。

♥小叮嚀　冬天氣溫低時，椰子油、棕櫚油會凝固，可採取作法A：提前泡溫水讓油脂溶化後再取出使用；或者作法B：提前裝在容器中保存，再挖取使用。

02
溶　鹼

將氫氧化鈉分批倒入用純水製成的冰塊或純水中，攪拌至氫氧化鈉完全溶解。待鹼水降溫至30度以下，再將低脂鮮奶慢慢倒入鹼水中混合。最後將鹼液倒入油鍋中開始攪拌。

♥小叮嚀　低脂鮮奶倒入鹼水後請勿過度攪拌，避免蛋白質因為遇到鹼水升溫導致結塊。

03
打　皂

鹼液倒入油鍋之後，使用打蛋器快速攪拌約5~10分鐘，再配合打蛋器或手持式電動攪拌器打皂，將皂液攪拌至light trace。加入精油攪拌均勻後，觀察皂液呈現有阻力並且表面有微微的痕跡，就能開始準備調色。

♥小叮嚀　使用機打前可提早將精油倒入並且先攪拌均勻。使用機打中途要配合刮刀輕輕攪拌，才能讓皂液更均勻混合。

04
調　色

將皂液分為2杯來調色：
- 第1杯倒入200g皂液
  加入⅓匙藍色雲母粉
- 第2杯倒入200g皂液
  加入2平匙二氧化鈦粉

♥小叮嚀　油溶性二氧化鈦粉可以加入少許精油先行調開後，再加入皂液均勻混合。

05
操　作

A.將主鍋剩餘皂液加入1匙黃綠色雲母粉調成綠色後，再倒入土司模中。

B.分別將白色及藍色皂液拉高，來回倒入模型中。

C.使用竹籤在皂液淺層部分左右先畫U字型，再隨意畫幾筆。

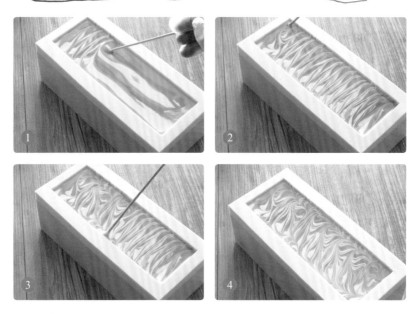

❤小叮嚀　調色皂液拉高往下倒入力道要輕且平均，皂液量及線條多寡能夠自由調整。

06
保　溫

有添加乳製品的皂液不用保溫，蓋上木盒或保鮮膜即可。

07
脫　模

脫模時間約3天，依皂體乾燥程度斟酌調整脫模時間。脫模時如發生黏模，建議可先冷凍約30分鐘後再進行脫模。脫模後若有水珠為正常情況，讓皂體自然乾燥即可。

08
切　皂

脫模後等皂體表面乾燥不黏手，才可以開始進行切皂。

| 09 | 切皂後約3~7天，可以利用修皂器將表面修掉，就能呈現漂亮的渲 |
| 修　皂 | 染線條。 |

| 10 | 晾皂約45天後，就能開始進行包裝。 |
| 晾　皂 | |

造型模的春天

　　造型模因為體積小的關係，以往最常見的樣式都是以素皂居多，較難突顯線條感。但其實，造型模也能利用一些簡單的線條來做出不同變化，加上各式各樣的造型模具，也能創作出外型可愛的手工皂。

　　在製作手工皂時，有時會有多餘的皂液，不妨將多餘皂液收集起來，用來練習這款技法。搭配自己喜歡的顏色，挑選各種造型可愛的模具，打造出變化多樣的渲染皂，讓造型模也能有春天，更加美麗不再單調！

材料

油脂				鹼液		
椰子油	140	20%		氫氧化鈉	102g	
棕櫚油	210	30%		水量	160g	
酪梨油	140	20%		低脂鮮奶	50g	
杏桃核仁油	210	30%				
油量	700g			示範模具／造型模		
INS	142			使用工具／溫度計		

精油	
尤加利精油	5ml
薰衣草精油	5ml
山雞椒精油	6ml

添加物	
綠色雲母粉	¼匙
藍色雲母粉	¼匙
備長炭粉	1匙
二氧化鈦粉	1平匙

01
融　油

將配方中的油脂全部秤量混合之後，加熱至35~40度，油脂必須呈現透明狀態，若加熱溫度太高，請降溫後才開始使用。

💜小叮嚀　冬天氣溫低時，椰子油、棕櫚油會凝固，可採取作法A：提前泡溫水讓油脂溶化後再取出使用；或者作法B：提前裝在容器中保存，再挖取使用。

02
溶　鹼

將氫氧化鈉分批倒入用純水製成的冰塊或純水中，攪拌至氫氧化鈉完全溶解。待鹼水降溫至30度以下，再將低脂鮮奶慢慢倒入鹼水中混合。最後將鹼液倒入油鍋中開始攪拌。

💜小叮嚀　低脂鮮奶倒入鹼水後請勿過度攪拌，避免蛋白質因為遇到鹼水升溫導致結塊。

03
打　皂

鹼液倒入油鍋之後，使用打蛋器快速攪拌約5~10分鐘，再配合打蛋器或手持式電動攪拌器打皂，將皂液攪拌至light trace。加入精油攪拌均勻後，觀察皂液呈現有阻力並且表面有微微的痕跡，就能開始準備調色。

💜小叮嚀　使用機打前可提早將精油倒入並且先攪拌均勻。使用機打中途要配合刮刀輕輕攪拌，才能讓皂液更均勻混合。

04
調　色

將皂液分為4杯來調色：

- ・第1杯倒入50克皂液，加入¼匙綠色雲母粉
- ・第2杯倒入50克皂液，加入¼匙藍色雲母粉
- ・第3杯倒入50克皂液，加入1匙備長炭粉
- ・第4杯倒入100克皂液，加入1平匙二氧化鈦粉

💜小叮嚀　油溶性二氧化鈦粉可以加入少許精油先行調開後，再加入
皂液均勻混合。顏色可以依個人喜歡喜好調整。

05
操　作

A.準備一個紙杯，將紙杯剪矮，倒入原色或有色皂液。

B.將調色皂液隨意倒入杯內，使用溫度計左右來回畫出橫向線條。

C.先靜置一會兒，等待皂液半凝固、流動性變差。

D.沿著造型模側邊，一口氣倒進去。

E.再利用剩餘皂液將模型填滿。

💜小叮嚀　一定要確認皂液夠濃稠才能操作,否則皂液太稀線條容易糊
　　　　掉。因為模型面積較小,建議新手可以從單色先練習,再進階到雙色,
　　　　避免過多的顏色容易造成線條雜亂或者呈現髒色。皂液若過多時,可
　　　　以使用刮板或尺刮除。

06
保　溫　有添加乳製品的皂液不用保溫,蓋上木盒或保鮮膜即可。

07
脫　模

脫模時間約3天，依皂體乾燥程度斟酌調整脫模時間。脫模時如發生黏模，建議可先冷凍約30分鐘後再進行脫模。脫模後若有水珠為正常情況，讓皂體自然乾燥即可。

08
切　皂

脫模後等皂體表面乾燥不黏手，才可以開始進行切皂。

09
修　皂

切皂後約3~7天，可以利用修皂器將表面修掉，就能呈現漂亮的渲染線條。

10
晾　皂

晾皂約45天後，就能開始進行包裝。

橄欖油護手家事皂

家事皂是手工皂的萬用皂之一，也是新手做皂的入門款。較高比例的椰子油能帶來強度的清潔力，不論是洗衣服或者清潔碗盤都相當好用。但要特別注意的是，椰子油皂化價波動較大，大部分落0.176~0.189之間，若椰子油用量比例高時，建議可以使用0.181~0.185中間值的皂化價，避免產生過鹼的情況，在使用上容易造成肌膚刺激。

而平時修皂之後的剩餘皂邊，也可以收集起來再利用。除了可以泡水溶解當作清潔劑，也可將其切成碎丁填充加入家事皂內，好用又不浪費。利用顏色繽紛的皂邊來點綴家事皂，加上可愛的造型模，平凡的家事皂立刻增添幾分樂趣，帶來愉悅美麗的好心情。

材料

油脂				鹼液		
	椰子油	240	80%		氫氧化鈉	52g
	橄欖油	60	20%		水量	130g
	油量	300g				
	INS	228				

示範模具／造型模

使用工具／長柄湯匙、量杯

精油	尤加利精油	6ml
添加物	皂邊碎丁約	50g

01
融　油

將配方中的油脂全部秤量混合之後，加熱至35~40度，油脂必須呈現透明狀態，若加熱溫度太高，請降溫後才開始使用。

♥**小叮嚀**　冬天氣溫低時，椰子油、棕櫚油會凝固，可採取作法A：提前泡溫水讓油脂溶化後再取出使用；或者作法B：提前裝在容器中保存，再挖取使用。

02
溶　鹼

將氫氧化鈉分批倒入用純水製成的冰塊或純水中，攪拌至氫氧化鈉完全溶解。待鹼水降溫至30度以下，再將低脂鮮奶慢慢倒入鹼水中混合。最後將鹼液倒入油鍋中開始攪拌。

♥**小叮嚀**　低脂鮮奶倒入鹼水後請勿過度攪拌，避免蛋白質因為遇到鹼水升溫導致結塊。

03
打　皂

鹼液倒入油鍋之後，使用打蛋器快速攪拌約5~10分鐘，再配合打蛋器或手持式電動攪拌器打皂，將皂液攪拌至light trace。加入精油攪拌均勻後，觀察皂液呈現有阻力並且表面有微微的痕跡，就能開始準備調色。

♥**小叮嚀**　使用機打前可提早將精油倒入並且先攪拌均勻。使用機打中途要配合刮刀輕輕攪拌，才讓皂液更均勻混合。

04
操　作

A.可提前收集皂邊，再使用機打將皂邊打成碎丁。

B.等待皂液trace時，再將皂屑加入皂液裡面，攪拌均勻。

C.將皂液倒入模型中，之後使用保鮮膜包覆，可隔絕空氣，防止白
　粉產生。

05
保　溫

家事皂不需要保溫。若仍採用保溫方式來提升皂化率，因高溫而讓表面產生裂紋，屬於正常現象，不用過於在意。

06
脫　模

脫模時間約1天，依皂體乾燥程度斟酌調整脫模時間。脫模時如發生黏模，建議可先冷凍約30分鐘後再進行脫模。脫模後若有水珠為正常情況，讓皂體自然乾燥即可。

07
切　皂

家事皂若使用土司模，建議脫模後立刻就要切皂，避免太硬導致線刀斷裂。

08
修　皂

切完皂約1天後，可以利用修皂器將表面白粉修掉，就能呈現漂亮的線條。

09
晾　皂

晾皂約45天後，就能開始進行包裝或使用。

南和月
生活概念館

最專業　最親切　最誠信

手工皂材料　DIY原料‧油脂‧SGS檢測之皂用色粉‧皂用植物粉
香氛‧植物精油‧打皂工具‧土司模‧造模型‧皂章

專業課程　教室提供完善的課程‧手工皂證書班‧基礎課程‧渲染課
馬賽克皂‧捲捲皂‧蛋糕皂‧翻模課‧蠟燭課程

課程接洽　歡迎國內外‧學校‧機關團體
社團課程邀約‧客製化課程

● 誠信專業的全方務值得您信賴

歡迎光臨粉絲頁

掃我購物

地址：台中市南區工學路126巷29號
電話：04-22652465
f 南和月　👍南和月手工皂生活館

2AF137

職人傳授・季芸老師第一本手工皂專書・首度大公開

季芸老師
渲染皂教室

一次學會
最強渲染
技法！

作者	季芸	
責任編輯	溫淑閔	
主編	溫淑閔	
版面構成	江麗姿	
封面設計	走路花工作室	
攝影	Miki	

行銷企劃	辛政遠、楊惠潔
總編輯	姚蜀芸
副社長	黃錫鉉

總經理	吳濱伶
發行人	何飛鵬
出版	創意市集

發行　城邦文化事業股份有限公司
　　　歡迎光臨城邦讀書花園
　　　網址：www.cite.com.tw

香港發行所　城邦（香港）出版集團有限公司
香港灣仔駱克道 193 號東超商業中心 1 樓
電話：(852) 25086231
傳真：(852) 25789337
E-mail：hkcite@biznetvigator.com

馬新發行所　城邦 (馬新) 出版集團
Cite (M) SdnBhd 41, JalanRadinAnum, Bandar Baru
Sri Petaling, 57000 Kuala Lumpur,Malaysia.
電話：(603) 90578822
傳真：(603) 90576622
E-mail：cite@cite.com.my

印刷　凱林彩印股份有限公司
2019 年（民 108）09 月　初版 9 刷
Printed in Taiwan
定價　450 元

版權聲明
本著作未經公司同意，不得以任何方式重製、轉載、散佈、變更全部或部份內容。
若書籍外觀有破損、缺頁、裝訂錯誤等不完整現象，想要換書、退書，或您有大量購書的需求服務，都請與客服中心聯繫。

客戶服務中心
地址：10483 台北市中山區民生東路二段 141 號 B1
服務電話：(02) 2500-7718、(02) 2500-7719
服務時間：週一至週五 9：30~18：00
24 小時傳真專線：(02) 2500-1990~3
E-mail：service@readingclub.com.tw

※ 詢問書籍問題前，請註明您所購買的書名及書號，以及在哪一頁有問題，以便我們能加快處理速度為您服務。

※ 我們的回答範圍，恕僅限書籍本身問題及內容撰寫不清楚的地方，關於軟體、硬體本身的問題及衍生的操作狀況，請向原廠商洽詢處理。

※ 廠商合作、作者投稿、讀者意見回饋，請至：
FB 粉絲團・http://www.facebook.com/InnoFair
Email 信箱・ifbook@hmg.com.tw

國家圖書館出版品預行編目 (CIP) 資料

一次學會最強渲染技法！季芸老師渲染皂教室：圖解教學 x 色彩配搭 x 滋潤配方，30 款美麗好洗手工皂提案 / 季芸著. -- 臺北市：創意市集出版：城邦文化發行, 民 108.03
　面；　公分

ISBN 978-957-9199-40-7(平裝)

1. 肥皂

466.4　　　　　　　　　　107023680